Edson Gonçalves

Documentação Técnica na Manutenção Industrial

EDITORA CIÊNCIA MODERNA

Editor: Paulo André P. Marques
Produção Editorial: Dilene Sandes Pessanha
Capa: Daniel Jara
Diagramação: Daniel Jara
Copidesque: Equipe Ciência Moderna

FICHA CATALOGRÁFICA

GONÇALVES, Edson.

Documentação Técnica na Manutenção Industrial.

Rio de Janeiro: Editora Ciência Moderna Ltda., 2024.

1. Engenharia Industrial

I — Título

ISBN: 978-65-5842-371-3 CDD 621.7

Editora Ciência Moderna Ltda.
R. Alice Figueiredo, 46 – Riachuelo
Rio de Janeiro, RJ – Brasil CEP: 20.950-150
Tel: (21) 2201-6662/ Fax: (21) 2201-6896
E-MAIL: LCM@LCM.COM.BR
WWW.LCM.COM.BR **05/24**

A Receita para o Ser Humano Perfeito...

Pegue duas medidas de estupidez
Junte trinta e quatro partes de mentira
Coloque tudo numa forma untada previamente
Com promessas não cumpridas
Adicione a seguir o ódio e a inveja
As dez colheres cheias de burrice
Mexa tudo e misture bem
E não se esqueça, antes de levar ao forno
Temperar com essência de espírito de porco
Duas xícaras de indiferença
E um tablete e meio de preguiça.

Renato Russo

Agradecimentos

Agradeço veementemente a minha esposa Neide e minhas filhas Sabrina e Emanuelle, que abriram mão de inúmeros momentos de lazer e de convívio familiar, para que fosse possível concretizar esta obra, bem como o apoio e incentivo concedidos.

Agradeço minha irmã Girlene, por se sacrificar em alguns momentos de sua vida para que eu pudesse seguir em frente e me tornar o homem e profissional que hoje sou.

Agradeço à Senhora Maria Vieira Gonçalves, por cada segundo de dedicação, de cuidados e de amor, por cada palmada e cada castigo que me deu, pois somente com as ações e atitudes tomadas por ela, fui capaz de me tornar o homem, o profissional e o pai que sou hoje.

Agradeço também ao Sr. Otil Gonçalves Neto (in memoriam), um homem semianalfabeto, sem cultura, mas que me ensinou todos os valores da vida, me ensinou a necessidade que um ser humano tem de batalhar pelos seus sonhos, me ensinou a traçar meus objetivos, a valorizar o próximo.

Este casal, Sr. Otil e Sra. Maria me mostraram que não temos limites nesta vida, que podemos realizar tudo o que quisermos, e que estas realizações somente fazem sentido se for de coração e com muita dedicação e trabalho, que batalhar pelos nossos sonhos é o verdadeiro sentido da vida.

Este casal que tenho o imenso orgulho de chamar de "MEUS PAIS".

Dedicatória

Dedico esta obra a todos os meus familiares, sem exclusão de nenhum grau de parentesco, pois cada um deles tem um papel importante na minha vida.

A cada um dos meus professores e instrutores que me alfabetizaram e me direcionaram ao aprendizado formal, técnico e moral.

A cada um dos meus amigos de infância, adolescência e vida adulta, que conviveram comigo em todos os momentos de alegria e tristeza.

Dedico também esta obra a todos os colegas de trabalho que conviveram comigo ao longo de toda a minha vida profissional. Àqueles que me ensinaram as atividades do dia a dia, àqueles que aprenderam comigo no dia a dia. E principalmente àqueles que discordaram de algumas de minhas opiniões e decisões, discordâncias estas que serviram de diálogos e discussões que originaram em novos estudos até que encontrássemos uma definição comum e definíssemos conceitos favoráveis a todos.

Reservo-me ao direito de não citar nenhum nome, para que eu tenha a consciência tranquila por não ter me esquecido de mencionar nenhuma das pessoas que fizeram parte da minha história até os dias de hoje.

Reflexão

É Impossível.......

"Tudo que morre fica vivo na lembrança.
Como é difícil viver carregando um cemitério na cabeça.
Tudo que viceja, também pode agonizar
E perder seu brilho em poucas semanas
E não podemos evitar que a vida trabalhe
com o seu relógio invisível
Tirando o tempo de tudo que é perecível"...

Biquini Cavadão

A Força do Querer.....

"A LUZ é boa, em qualquer lâmpada que esteja ardendo.
Uma ROSA é bela em qualquer jardim em que esteja florescendo.
Uma ESTRELA tem a mesma luz, quer resplandeça do Oriente ou no Ocidente"...

Abdul Baha

Apresentação

Nesta obra do gênero "Engenharia de Manutenção", você encontrará com riqueza de detalhes, informações voltadas para o dia a dia dos profissionais envolvidos em manter os equipamentos industriais prontos para uso.

O autor consegue demonstrar estratégias que atendem aos anseios dos "Stakeholders", preocupando-se com aspectos preciosos para toda a cadeia organizacional, como a qualidade, eficiência, eficácia; e muitos outros... a cada capítulo, você embarca em uma viagem com o autor.

Os assuntos, todos absurdamente técnicos lhe serão apresentados de forma didática e muito, muito simples.

São abordados sistemas integrados de manutenção industrial, que lhe abrirão as portas para o monitoramento, medição, controle de processos, tratamento de falhas; e até mesmo, preocupações com questões ambientais, de segurança e saúde.

O título desta obra já a define, "Documentação Técnica de Manutenção Industrial"; algo imprescindível para uma comunicação objetiva, que possibilita atender aos requisitos dos clientes externo e interno, assegurando rastreabilidade dos processos e evidenciando os resultados negativos ou positivos.

Você aprenderá a elaborar uma documentação técnica, entenderá a importância de mantê-la atualizada, e irá descobrir que terá nas suas mãos um mapa que o guiará ao caminho certo; acredite, em algum momento desta sua viagem com o autor você se perguntará "para qual destino um mapa desatualizado me levaria?"

O autor Edson Gonçalves, mesmo nos momentos mais técnicos, se preocupa em guiar com procedimentos que facilitam sobremaneira o entendimento, entregando a você uma bagagem técnica que visa diferenciá-lo profissionalmente.

Faça bom proveito desta obra, a qual alimentará a sua carreira e propiciará melhoria contínua para as organizações onde você prestar os seus serviços, como profissional diferenciado.

Agradeço a sua atenção e te desejo uma boa leitura!

Carlos Alberto Silva
Diretor Industrial

Prefácio

Diante dos meus 30 anos de experiência em manutenção industrial, pude constatar que a Documentação Técnica da Manutenção Industrial faz parte como um todo do processo de gerenciamento o qual deve ser regido de forma ampla e minuciosa.

O objetivo deste projeto é de apresentar os conceitos básicos sobre Processo e Gerenciamento de Documentação Técnica, aplicando-os nas atividades de planejamento e controle da produção, identificando pontos de reforço e de estrangulamento; diferenciar processos de fabricação e serviços; identificar e avaliar as causas do retrabalho.

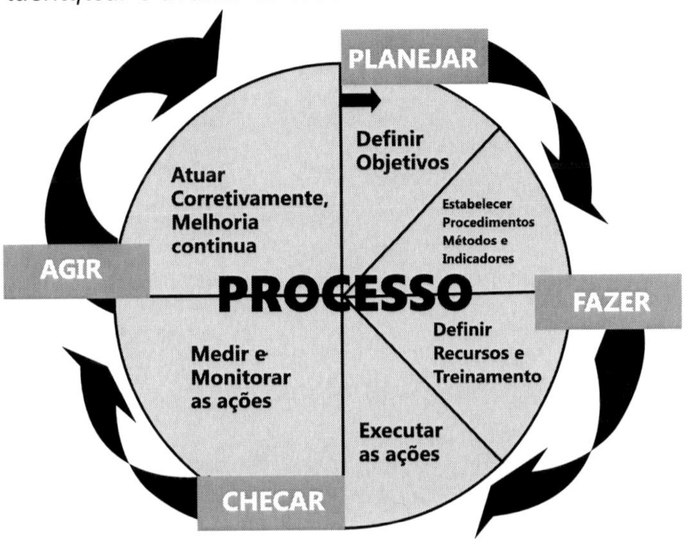

*O intuito é de assegurar que os processos são executados de forma clara e consistente contribuindo para que a empresa possa atingir suas metas e **agregar valor** aos seus clientes.*

Porque necessitamos gerenciar a Documentação Técnica?

- Concentra o foco no que realmente interessa, possibilitando a visualização das atividades que agregam valor;

- Facilita a gestão através de indicadores de desempenho;
- Integra as rotinas operacionais às estratégias e torna a empresa mais ágil, eficiente e competitiva;
    - Melhora a qualidade dos produtos e serviços;
    - Otimiza os recursos envolvidos;
    - Garante a obtenção dos resultados planejados;
- Aumenta a satisfação dos clientes e outros interessados.

Em todo processo devemos seguir uma hierarquia sequencial de etapas, as quais nos direcionam e facilitam o gerenciamento.

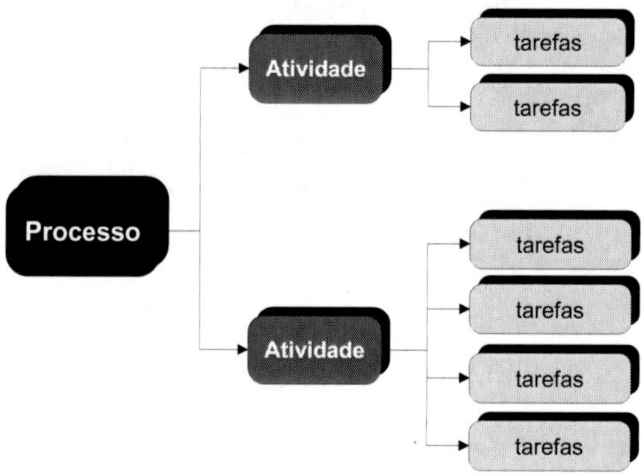

O que é tarefa?

São etapas de uma atividade, qualquer trabalho manual ou intelectual que se faz dentro da organização.

Exemplo: *Controle de documentos (atividade)*

- Checar documentos se estão aprovados, se o índice de revisão, se o número de páginas está correto, o histórico está atualizado;
- Cadastrar ou atualizar os documentos no sistema;
- Fazer a distribuição do documento, enviar as remessas de documentos para o usuário;
- Dar baixa nas pendências do sistema.

O que é atividade?

É o conjunto de tarefas executadas por uma pessoa ou departamento dentro de um processo. O fluxo de atividades pode ser controlado através de procedimentos.

Exemplo:

- Inspeção é uma atividade executada no CQ Recebimento, CQ-Fabrica, CQ- Eletrônica;
- Controle de documentos;
- Controle de Registros.

O que é PROCESSO?

***O conceito Intuitivo**: Transformação*
Componentes: o que será transformado (entrada)
A transformação (processo)
Resultado da transformação (saída ou produto/serviço)

Para que seja possível desenvolver todas as atividades inseridas no processo, necessitamos controlar e organizar toda a nossa documentação técnica. Sem as mesmas teríamos um enorme problema em entender e controlar as variações e ou as repetições das atividades com as mesmas qualidades as quais nos são exigidas.

Muitas informações poderiam se perder. Veja algumas situações abaixo:

As Pirâmides do Egito antigo foram erguidas a mais de 2700 anos A.C., foram utilizados mais de 2,3 milhões de blocos de rochas, cada um pesando em média 2,5 toneladas, o número de pessoas na construção pode ter chegado a mais de 150.000.

A Grande Muralha da China, segundo anunciaram os cientistas em 2009, tem 8.850 km de extensão, onde acreditam-se que foram necessários mais de 1 milhão de trabalhadores para construir esta obra.

A Torre Burj Dubai é considerada o novo prédio mais alto do mundo, onde a estrutura tem mais de 800 metros de altura e 160 andares, e foram necessários mais de 12 mil trabalhadores nesta construção.

Certamente nenhum destes projetos seria possível ser executado sem:

- Processos e procedimentos de execução;
- Divisão de tarefas;
- Controle de produtividade;
- Liderança;
- Controle de Qualidade;
- Planejamento detalhado;
- Documentação Técnica específica.

Sumário

1 – Introdução

Nunca se falou tanto em Qualidade e Produtividade como nos tempos atuais.

Por que?

Na verdade, a Qualidade e a Produtividade sempre existiram, com maior ou menor importância e intensidade nas empresas. Acontece que a constante evolução do mundo moderno e, principalmente, o desenvolvimento ultrarrápido da tecnologia, fizeram com que abrisse um canal muito fluente de informações (veja, por exemplo, o computador, os satélites, a televisão, a telefonia, etc.).

Com a informação o cliente passou a ficar muito mais conhecedor de seus desejos e mais exigente, como também as empresas descobriram mais rapidamente o que seus concorrentes estão fazendo de melhor.

Assim surge a busca contínua de uma melhor qualidade, maior produtividade e menores custos, para alcançar um importante objetivo: a Competitividade.

A empresa competitiva está apoiada sobre dois pilares: Qualidade e Produtividade.

- Sem Qualidade o cliente fica insatisfeito e não compra mais...
- Sem Produtividade os custos ficam elevados e a empresa não terá competitividade.

Estratégia da Qualidade	Estratégia da Produtividade
Ouvir o cliente	Controlar custos
Atender ao cliente com presteza	Combater desperdícios
Seguir padrões	Organizar o trabalho
Acompanhar a melhorar o desempenho	Utilizar a criatividade para melhoria contínua
Solucionar rapidamente os problemas	Produzir mais com os mesmos recursos

A Documentação Técnica tem um papel essencial para garantir a Produtividade com Qualidade dentro de todas as diretrizes da manutenção Industrial, com o intuito de atender e satisfazer a organização.

Satisfazer a quem?

Para que seja possível atendermos e satisfazermos os anseios da organização, precisamos manter nossa Documentação Técnica sempre atualizada para que possamos executar nossas tarefas com eficiência e ou eficácia.

A conceituação de eficiência e eficácia ajuda no entendimento sistêmico da produtividade, portanto, vamos definir claramente esses dois tópicos:

- **eficiência:** é a medida da razão entre os insumos empregados no processo definido. Por exemplo, se temos como padrão 2 minutos para fazer uma operação, e ela é feita em 1,5 minutos, a eficiência foi de 125%.

- **eficácia:** relaciona-se diretamente com os objetivos finais da empresa, ou seja, o resultado obtido pelo sistema como um todo. Por exemplo, a empresa é eficaz quando atinge seu resultado de vendas com boa lucratividade.

Eficiência	Eficácia
Faz corretamente as coisas	Faz as coisas corretas
Soluciona problemas	Antecipa-se aos problemas
Economiza recursos	Otimiza a utilização de recursos
Cumpre as obrigações	Obtém resultados
Realiza adequação de custos	Aumenta os lucros

Sendo assim, concluímos que sistematicamente uma empresa é eficaz se o conjunto de seus processos obteve resultado positivo e, uma vez avaliado pelo mercado, foi traduzido em resultado, enquanto que, no nível operacional de seus processos individuais, é eficiente se o resultado do processo foi igual, ou melhor, que o padrão estipulado.

Para tal garantia se torna extremamente necessário que tenhamos uma Documentação Técnica altamente confiável, determinando os caminhos para o cumprimento das diretrizes definidas pela organização.

2 – Evolução

A Documentação Técnica dentro da Manutenção Industrial passou a ser exigida e desenvolvida a partir das implementações das Normas Internacionais.

Embora no Brasil, um grande número de empresas ainda insiste em não se importar com tais exigências, deixando de atualizar as Documentações Técnicas da manutenção e na grande maioria dos casos não as exigem e não as desenvolvem, deixando assim a organização sem um know how Técnico de suas atividades e ou desenvolvimentos.

Como a Documentação Técnica na Manutenção surgiu após as exigências normativas, vamos entender de forma sucinta e superficial como as normas foram inseridas na indústria, e como elas se sucederam até hoje.

Nos primeiros tempos...

- 2200 A.C. - Antiga Babilônia "Código de Hamurabi". Punição aos gerentes pelas lesões sofridas pelos trabalhadores.
- Lei Inglesa de 1802 - definição de normas para controle de temperatura em galpões, iluminação e jornada de trabalho.
- EUA - 1867 – Obrigatoriedade de Inspeção de Fábricas.
- EUA - 1892 - Primeiro Programa de Segurança.
- EUA - 1913 - Se forma a NSC – National Safety Counsel. Primeiros enfoques nas lesões e nos acidentes (ações reativas).

No Brasil ...

- 1912 - Constituída a Confederação Brasileira do Trabalho (CBT).
- 1930 – Criado o Ministério do Trabalho, Indústria e Comércio.
- 1941 – Fundação da Associação Brasileira de Prevenção de Acidentes (ABPA).
- 1943 – Criação da CIPA.

- 1966 – Fundação Centro Nacional de Segurança, Higiene e Medicina do Trabalho – Fundacentro.
- 1974 – Vinculação da Fundacentro ao Ministério do Trabalho.
- 1978 – Aprovação das Normas Regulamentadoras – NRs.

De lá pra cá, as normas se intensificaram e se enraizaram dentro das organizações, exigindo cada vez mais dos processos. Como a Manutenção Industrial Profissional se tornou um processo e não mais uma área de apoio, foi necessário inserir dentro dela, os conceitos normativos que regem as organizações, objetivando assim atingir sua excelência para se tornar um setor sustentável dentro da organização.

3 – Sistemas Integrados

A Sistemática Integrada da Manutenção Industrial é uma preocupação e uma realidade enfrentada pelas empresas, principalmente, as que possuem altos índices de falhas, MTBF baixo e MTTR alto.

Essa preocupação veio com a motivação econômica e com as medidas de prevenção e controle para eliminação e redução dos impactos negativos nas empresas.

Com o passar do tempo, percebeu-se que as paradas da produção devido a acidentes geravam grandes prejuízos, tanto para seus funcionários quanto para a sua produção.

Sendo assim, a preocupação com os bons resultados da manutenção que interferem diretamente nos custos finais se tornaram parte da política da empresa.

Lembrando que a política de Sistemática e Estratégia adotada varia de acordo com as funções exercidas pela empresa.

Quando falamos em atender as diretrizes da organização, percebemos que o homem é a medida de todas as coisas. Por isto, uma bebida deliciosa para um, é amarga para outro; a torre, de forma quadrada para um observador próximo, parece redonda a um observador afastado.

Assim, na geração atual acredita-se que não existe uma verdade, mas várias ilusões, numerosos pontos de vistas diferentes. Se cada pessoa reflete o mundo de maneira própria, haverá tantos mundos diferentes e pessoas diversas.

A implantação de um Sistema Integrado na Manutenção, incorpora no cotidiano das organizações, premissas importantes de gestão para resultados, monitoramento, medição e controle de processos, planejamento estratégico, conformidade legal, investigação e tratamento de falhas e anomalias, atuação preventiva e proativa em relação às questões ambientais e de segurança e saúde, dentre outras.

O foco da Sistemática ou Estratégia é evitar a ocorrência das não conformidades com requisitos estabelecidos.

Uma não conformidade ou falha pode causar prejuízos financeiros, humanos e ambientais imediatos, bem como consequências de médio e longo prazo que podem advir da perda da imagem da empresa no mercado.

A Sistemática Integrada deve ser capaz de assegurar a previsibilidade requerida no atendimento aos requisitos das diferentes partes Interessadas, sejam elas:

- Investidores ou acionistas,
- Clientes,
- Empregados,
- Fornecedores,
- Sociedade,
- (Stakeholders).

A construção e implementação desta Sistemática Integrada consiste em:

- Detalhar aqueles requisitos essenciais para o negócio da empresa;
- Identificar e analisar os Modos Potenciais de Falha que impactam o atendimento a estes requisitos das Partes Interessadas e garantir que as atividades relacionadas com eles estão sob controle;
- Esta garantia do controle dos processos será suportada pela implementação de padrões e mecanismos capazes de prover a previsibilidade requerida.

Como podemos saber se temos um bom sistema?

Uma boa Sistemática necessita de:

1. Segume as melhores práticas, supera as normas legais e da indústria;

2. Aplica os procedimentos adequados ("dever de proteger" ou "proteção razoável");

3. É comunicado com frequência aos steakeholders;

4. Define regras para investigação e correção;

O que pode acontecer se não tivermos uma boa sistemática?

1. Altos prejuízos em processos judiciais, reclamações, multas e possível prisão por violações à lei.

2. Má imagem da companhia frente aos empregados, clientes e público em geral.

A Importância da Prevenção de Perdas...

"A tarefa mais importante em qualquer negócio é sobreviver. O princípio que direciona a economia financeira não se baseia na maximização do lucro – mas na prevenção de perdas."

Peter Drucker

4 – Documentação Técnica de Manutenção Industrial

4.1 - Ciclo PDCA

A implantação da Documentação Técnica na Manutenção Industrial incorpora no cotidiano das organizações, premissas importantes de gestão para resultados, monitoramento, medição e controle de processos, planejamento estratégico, conformidade legal, investigação e tratamento de falhas e anomalias, atuação preventiva e proativa em relação às questões ambientais e de segurança e saúde, dentre outras.

O foco da Documentação Técnica é evitar a ocorrência das falhas e anormalidades com requisitos estabelecidos.

A Metodologia da Documentação Técnica visa à satisfação das Partes Interessadas e a melhoria contínua dos processos, produtos e serviços, com base no ciclo do PDCA - Planejar, Desenvolver, Checar e Analisar.

O ciclo do PDCA é composto de quatro etapas:

Plan (planejar): estabelecer os objetivos e processos necessários para fornecer resultados de acordo com os requisitos do cliente, a política ambiental e de segurança e saúde ocupacional da organização;

Do (fazer): implementar os processos;

Check (Verificar): monitorar e medir processos e produtos em relação à política, objetivos e metas de qualidade, meio ambiente, segurança e saúde ocupacional, e também em relação aos requisitos para o produto, requisitos legais e outros requisitos e relatar os resultados;

Act (agir): executar ações para promover continuamente a melhoria do desempenho dos processos e do sistema de gestão de Qualidade, Ambiental e de Segurança e Saúde Ocupacional.

Documentação Técnica e um conjunto de registros de atividades diversas, relatórios e certificados referentes a todo conjunto ou subconjunto desenvolvido na Manutenção.

É elaborada para atestar que o trabalho final seguiu fielmente as determinações originais e também tem a finalidade de fornecer à Organização dados a respeito do trabalho realizado.

Frequentemente observamos uma enorme resistência da equipe de manutenção das organizações em atualizar, arquivar e ou preencher as documentações técnicas.

Sempre ouvimos comentários aos quais damos o nome de Frases Assassinas que são:

- É só Burocracia.
- Isso não serve para nossa equipe.
- É contra a cultura da empresa.
- Não funciona na Prática.
- Não podemos perder tempo.
- Não devemos parar de produzir para pensar nisso.
- O que interessa é a qualidade do produto final.
- O que importa é cumprir o programa de produção.

O que mais se ouve:

Documentação... é chato ? Muito chato.

Até que...

Ou...

Quando ocorre um sinistro ou um acidente, e até mesmo uma simples falha que gera perdas significativas de produção e ou qualidade, surge a pergunta:

Quem é o responsável pela Documentação Técnica da Manutenção?

4.2 – História da responsabilidade

Esta é uma história fictícia sobre 4 pessoas chamadas:
Todo Mundo, Alguém, Qualquer Um e Ninguém

A Documentação Técnica era um serviço importante a ser feito e **Todo Mundo** estava certo de que **Alguém** faria.

Qualquer Um poderia ter feito.

Alguém ficou zangado sobre isso, porque era serviço de **Todo Mundo**.

Todo Mundo pensou que **Qualquer Um** poderia fazê-lo, mas **Ninguém** percebeu que **Todo Mundo** não o faria.

No fim, **Todo Mundo** culpou **Alguém** quando **Ninguém** fez o que **Qualquer Um** poderia ter feito.

4.3 - Objetivos da Documentação Técnica da Manutenção Industrial:

- Comunicação objetiva da estratégia e da consistência da Ação.
- Atingir a conformidade com os requisitos do cliente e a melhora da qualidade.
- Assegurar a rastreabilidade e a repetitividade dos processos.
- Prover evidências objetivas dos resultados alcançados.
- Avaliar a eficácia e a contínua adequação do Sistema de Gestão.
- Responsabilizar a quem for de direito pelo fato ocorrido, positivo ou negativo.

Qual caminho devemos seguir?

4.4 - Tipos de Documentação Técnica da Manutenção

Existem diversos tipos de Documentos Técnicos da Manutenção.

Os mais usuais no dia a dia da Manutenção são:

- Ficha Técnica.
- PDM.
- Requisição de Serviços.
- Relatório Técnico.
- Laudo Técnico.
- Desenho Técnico.
- Procedimentos Técnicos.
- EPS.
- Responsabilidade Técnica.
- Arquivo Técnico.

4.4.1 - Ficha Técnica

São os levantamentos técnicos que discriminam as características funcionais de um ativo.

Dimensões.
São as medidas dimensionais que determinam o tamanho do ativo para definir sua alocação física.

Função.
São as atividades ou as funções requeridas as quais o ativo foi projetado para desenvolver.

Potência.
É a força que o ativo pode exercer de acordo com sua estrutura física, podendo ser força, mecânica, elétrica ou hidráulica.

Capacidade de Produção.
É o volume de produção a qual o ativo foi projetado para atingir e suprir as necessidades do usuário final.

Velocidade.
É o movimento que o ativo realiza em um determinado tempo estipulado, o que faz com que o mesmo desempenhe sua função requerida repetidamente.

Fabricante.
É o responsável pelo projeto e pela fabricação do ativo dentro ou fora do país.

Peso.
É a massa física do ativo, a que determina como devemos transportá-lo e onde devemos instalá-lo.

Origem.
É a região geográfica de onde o ativo foi desenvolvido e fabricado, com base nesta informação se realiza o estudo de necessidade de tropicalização do mesmo.

Referências Comerciais.
É a codificação ou a identidade do ativo, com este código é possível conhecer suas características básicas e ou solicitar um novo ativo igual ao anterior apenas com esta identificação.

Entre Outros

- **Tipos de acionamentos.**
- **Detalhes da pintura.**
- **Tratamentos especiais.**
- **Normas de fabricação aplicadas.**

Exemplo de Ficha Técnica

MOTOR

Marca	Cummins
Modelo	6 BT 8.3 – Turbo alimentação
Tipo	Injeção direta, mecânico
Potência	215 hp
Potência bruta	227 hp @ 2200 rpm
Torque máximo	908 Nm – 1400 ~ 1600 rpm
Número de cilindros	6 cilindros
Diâmetro interno do cilindro x pistão	114 mm x 135 mm
Cilindrada	8.3 L
Taxa de compressão	18.1
Baterias	2 x 12 v

TRANSMISSÃO

Tipo	Power shift
Modelo	WG 180
Velocidade	Frente 1ª 0 ~ 8
	2ª 0 ~ 13
	3ª 0 ~ 25
	4ª 0 ~ 38
	Ré 1ª 0 ~ 8
	2ª 0 ~ 13
	3ª 0 ~ 25

EIXO

Modelo	Meritor
Sistema de tração	4 x 4
Conjunto de suporte	Coroa espiral redução única
Taxa de redução	4.625
Conjunto de redução	Planetário simples
Taxa de redução	4.94

CAPACIDADE

Tipo	Litros
Combustível (diesel)	300
Óleo de motor	20
Óleo de transmissão	45
Óleo de sistema hidráulico	200
Óleo de sistema de eixos	36

FREIOS

Freio de serviço	Ar – Disco de freio auxiliar hidráulico nas 4 rodas
Freio de estacionamento	Câmara de ar com sapata interna

PNEUS

Especificação do Tipo	23.5 x 25 – L3 – 20 lonas

SISTEMA DE DIREÇÃO

Tipo	Articulado
Sistema de pressão	15 MPa
Bomba	P5100
Capacidade	63 mL/r
Cilindro	Dupla ação
Diâmetro interno x pistão	90 mm x 340 mm

SISTEMA HIDRÁULICO

Sistema de pressão	17.5 MPa – 175 bar
Modelo da bomba	P5100 – F100 CX
Capacidade	270 litros/min
Cilindro	
Braço, diâmetro interno x pistão	160 mm x 850 mm
Inclinação, diâmetro interno x pistão	180 mm x 580 mm

ESPECIFICAÇÕES PRINCIPAIS

Capacidade de carga	5000 kg
Altura de despejo	4150 mm
Distância de descarga máxima	1130 mm
Força máxima de escavação	180 kN / 18355 kgf
Força de tração	160 kN / 16315 kgf
Ângulo de articulação	38° (para cada lado)
Ângulo de subida	30°
Distância entre os eixos	3300 mm
Distância entre rodas	2200 mm
Dimensões C x L X A	7960 mm x 3070 mm x 3490 mm
Ciclo total de carregamento	11 s
Peso	17000 kg
Caçamba	2,7 m³ – 4,5 m³

DIMENSÕES

A	B	C	D	E
7960 mm	5300 mm	3300 mm	3490 mm	3200 mm
F	**G**	**H**	**I**	**J**
4150 mm	105 mm	2800 mm	2200 mm	3070 mm

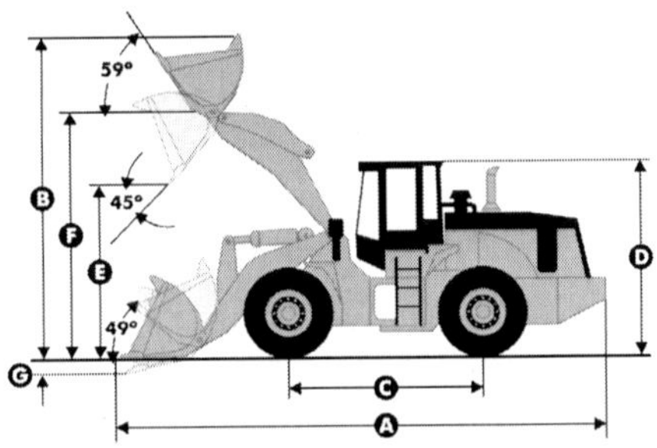

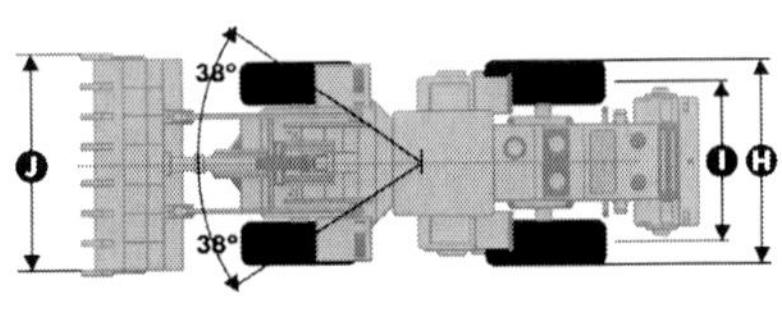

Com a ficha técnica devidamente elaborada a manutenção encontra recursos para realizar análises específicas tais como:

- Estudos técnicos.
- Análises de falhas.
- Definição da Estratégia de Manutenção.

4.4.2 – PDM – Planilha Descritiva de Material

São planilhas descritivas dos materiais ou elementos de máquinas, que especificam suas características para aquisição de sobressalentes ou reposição.

É através desta Planilha que a manutenção consegue cadastrar um componente ou elemento de máquina em seu sistema de codificação de itens para que o mesmo seja adquirido como sobressalentes e ou para reposição imediata.

É comum que os sistemas de gerenciamento necessitem de dados técnicos peculiares para que a equipe de compras possa adquirir os materiais de forma correta e atender as necessidades da manutenção fornecendo o material certo e no tempo ideal.

PDM de um Rolamento

NOME BASICO - ROLAMENTO.
NOME MODIFICADOR - RIGIDO UMA CARREIRA ESFERAS.
TIPO DE CONTATO - RADIAL.
FURO - PARALELO.
FOLGA - NORMAL.
GAIOLA - ACO.
CONSTRUCAO - STANDARD.
DIAMETRO INTERNO - 30,00 MM.
DIAMETRO EXTERNO - 55,00 MM.

LARGURA	- 13,00 MM.
PROTEÇÃO	- VEDAÇÃO DUPLA.
REFERENCIA COMERCIAL	- 6006 DDU.
FABRICANTE	- SKF – NTN – FAG – NSK.

PDM de um Retentor

NOME BASICO	- RETENTOR
TIPO	- BR
MATERIAL	- BORRACHA NITRÍLICA - NBR
CONSTRUCAO	- STANDARD
DIAMETRO INTERNO	- 35,00 MM
DIAMETRO EXTERNO	- 52,00 MM
LARGURA	- 7,00 MM
ACESSORIO	- MOLA DE AJUSTE
REFERENCIA COMERCIAL	- CB – 35 X 52 X 7
FABRICANTE	- VEDABRAS – SABÓ – STEFA

PDM de um Óleo Lubrificante

NOME BASICO	- ÓLEO
NOME MODIFICADOR	- LUBRIFICANTE
GRAU DE VISCOSIDADE	- ISO VG 460
PONTO MÉDIO VISCOSIDADE	- 460.
EMBALAGEM	- PLÁSTICA.
VOLUME	- 20 LITROS
NORMA DE ENSAIO	- ASTM D 2422.
REFERENCIA COMERCIAL	- OMALA 460.
FABRICANTE	- PETROBRAS – SHELL – TEXACO.
APLICAÇÃO	- CAIXA REDUÇÃO

Este documento deve ser preenchido e elaborado pela equipe de manutenção por se tratar de informações que somente a manutenção será capaz de definir ou especificar, conhecendo tanto o processo, suas aplicações e suas características de fabricação e comportamentais.

É importante informar que para cada componente deve-se elaborar um PDM específico, onde as variáveis de informações devem ser adequadas para o produto e não se deve possuir um PDM padrão, pois nem todos os elementos necessitam das mesmas informações.

O PDM para ser completo, além de todas as informações técnicas possíveis como dimensionais, materiais e formas construtivas, também deve conter uma referência comercial que propicie ao comprador direcionar para o produto correto, além de informar pelo menos três opções de fornecedores que seriam capazes de atender ao pedido.

E por último, é extremamente necessário que durante a elaboração do PDM o usuário apresente uma evidência de que o produto solicitado realmente existe e é capaz de ser encontrado e adquirido, apresentando uma foto, e-mail ou qualquer outra opção que seja verídica à existência do mesmo.

Quando o produto se tratar de um item específico, apenas um determinado fabricante ou fornecedor possui sua patente de comercialização, este fato deverá ser mencionado para descaracterizar a necessidade de três fornecedores e ou de evidências técnicas, mediante aprovação gerencial.

Esta ação se faz necessária para que o comprador otimize seu tempo e não fique correndo atrás de um produto que não esteja disponível em sua carteira de fornecedores, agilizando assim a negociação e a reposição do produto desejado.

4.4.3 – Requisição de Serviço

É uma solicitação formal para que alguém realize uma determinada atividade.

A requisição de serviços necessita possuir características essenciais para sua elaboração. Características estas que a equipe de planejamento da manutenção deve levantar em campo, no próprio ativo, no processo de produção e sempre levando em conta as diretrizes de segurança da organização.

Principais características da requisição de serviço.

Clareza
A requisição de serviço deve ser clara e transparente para que o executante possa entender todas as solicitações ali descritas, sem a necessidade frequente de buscar informações em outras fontes, evitando aumentar sua produtividade.

Objetividade
As informações contidas na requisição de serviço devem ser diretas, definindo a real necessidade da execução sem deixar dúvida ao executante se deve ou não fazer isso ou aquilo, mantendo uma coerência técnica com o intuito de atender as necessidades e as expectativas da produção.

Direcionamento Correto
O executante não deve ter nenhuma dúvida quanto às diretrizes da requisição de serviço. Os tópicos devem estar muito bem definidos, tais como o local da atividade, os recursos necessários, os materiais que serão utilizados, o que se deve fazer e o porquê se deve fazer, para reduzir a perda de tempo em busca de novas informações e ou decisões técnicas durante a execução da atividade.

Necessidade
O executante precisa conhecer a necessidade da realização de tal atividade para que seja possível seguir um caminho técnico e racional para a realização, a fim de alcançar uma eficácia e evitar retrabalhos.

Ezequível

Toda requisição de serviço emitida tem a finalidade de eliminar um defeito, uma falha ou de avaliar uma condição funcional. Portanto, ela precisa estar de acordo com as respectivas competências dos executantes, sendo assim a atividade precisa ser possível de ser realizada dentro das necessidades tanto da produção quanto da técnica dos executantes.

A gestão da manutenção deve orientar a sua equipe de planejamento quanto ao termo:

Para evitar problemas jurídicos e ou entendimentos diferentes da ideia do planejamento, orienta-se que não utilize o termo "Ordem de Serviços", este termo pode gerar a conotação de obrigatoriedade, e é sabido que em alguns casos o executante tem autonomia de recusar-se a realizar certa atividade caso esta não esteja de acordo com as diretrizes normativas de segurança e meio ambiente.

Uma requisição de serviço bem elaborada deve seguir alguns requisitos mínimos.

Estes requisitos garantem que todas as informações necessárias para a execução estejam constando em seus respectivos descritivos, possibilitando assim o entendimento de toda a estratégia definida e a disponibilidade de todos os recursos necessários para suprir as exigências que o ativo necessita para ser reparado e retornar ao seu desempenho ideal e garantir a confiabilidade desejada.

Requisitos Mínimos para Elaboração de uma Requisição de Serviço:

Dados de localização do Ativo

É extremamente necessário que a localização do ativo esteja informada na requisição de serviços, pois somente assim o executante será capaz de saber onde irá realizar a atividade. É muito comum que as linhas de produção possuam diversos ativos com características construtivas iguais, sendo assim o endereço onde o ativo está localizado é o único caminho para encontrar o ponto correto a qual deverá ser realizada a respectiva intervenção de manutenção.

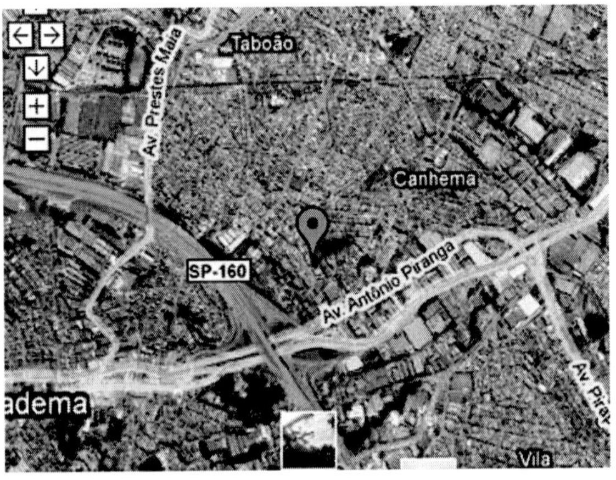

Data de execução da atividade

É o dia que a atividade deverá ser realizada. Esta informação deve constar na requisição de serviços, pois o planejamento elabora a estratégia e a programação disponibiliza a atividade para o executante em dias diferentes da execução em forma de pacote de atividades e ou distribuição da atividade no quadro Kamban, cabendo ao executante seguir o fluxo definido no planejamento e na programação.

Modalidade da atividade

É a modalidade a qual o ativo necessita para eliminar o defeito e/ou a falha detectada, contendo o objetivo principal para que o executante possa assimilar suas habilidades técnicas com a necessidade da execução.

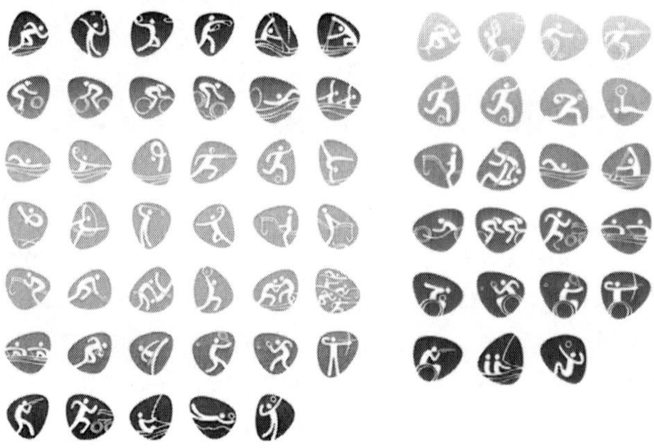

Em manutenção estas modalidades são discriminadas como civil, mecânica, elétrica, automação, instrumentação, operacional, entre outras, podendo conter mais de uma modalidade se necessário.

Condição funcional do Ativo

Esta condição funcional pode ser definida como o Status em que o ativo deve se encontrar para a realização da atividade.

Em algumas atividades existe a necessidade do ativo estar parado para a intervenção, principalmente quando se trata da eliminação de uma falha ou um defeito.

Já para outras atividades existe a extrema necessidade do ativo estar em movimento, este caso, por exemplo, trata-se de uma inspeção técnica ou uma lubrificação de um mancal de rolamento.

Se por algum motivo a condição funcional do ativo não estiver como descrito na requisição de serviço, o executante não deverá realizar a atividade, devendo ele retornar para o planejamento com a informação de incoerência de informação.

Efetivo dimensionado

Este efetivo trata-se da mão de obra ou da quantidade de profissionais necessários para a realização da atividade para cada modalidade exigida.

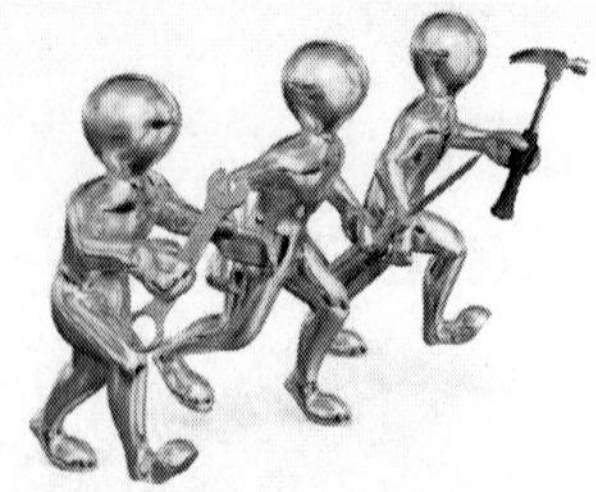

Quando o planejamento estuda a necessidade de realização da atividade, também se define esta quantidade de profissionais para que seja possível finalizar a execução dentro do prazo estabelecido, o que garante o retorno do ativo para as suas funções requeridas e a continuidade operacional.

Desenhos de referência

Algumas atividades possuem uma execução um pouco mais complexa, onde os executantes necessitam de detalhes que a requisição de serviço não possui campo disponível para inserção e ou arquivamento.

Quando a atividade impõe esta condição, o recurso do planejamento é disponibilizar o desenho técnico do ativo, da construção e ou do conjunto para que seja consultado durante a execução.

Esta opção do planejamento minimiza a possibilidade de equívocos da execução, erros de manutenção e retrabalhos que geram prejuízos de materiais, mão de obra e até mesmo prejuízos cessantes devido à perda do ritmo e ou descontinuidade operacional.

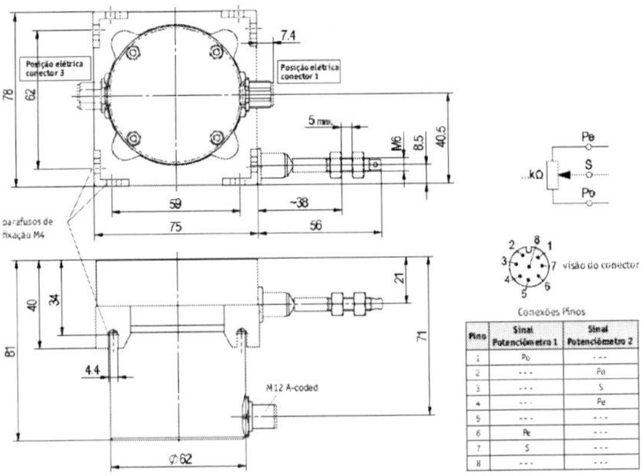

Pino	Sinal Potenciômetro 1	Sinal Potenciômetro 2
1	Po	---
2	---	Po
3	---	S
4	---	Pe
5	---	---
6	Pe	---
7	S	---
8	---	---

Procedimentos de referência

Assim como os desenhos de referências, certas atividades necessitam de uma precisão extrema durante a execução, tudo para garantir a qualidade do trabalho que está sendo realizado, independente se a equipe de execução domina ou não a condição do ativo.

Nestes casos o planejamento juntamente com toda a equipe de produção e manutenção, elabora um Procedimento de execução o qual sistematicamente dá-se o nome de POP, Procedimento Operacional Padrão.

Este documento trata-se de um descritivo técnico passo a passo de tudo que deve ser realizado durante o desenvolvimento da atividade, contendo dados técnicos que orientem aos executantes de o que fazer, como fazer, onde fazer, porque fazer.

Este procedimento após ser elaborado, deve ser testado e aprovado pela gerência da manutenção, com a finalidade de oficializar toda a equipe que a respectiva atividade somente deverá ser realizada seguindo o que foi ali descrito.

Tempo médio para execução

Toda atividade a ser planejada, programada e executada necessita ter um tempo estimado para a sua realização. Este tempo vai de encontro com a necessidade do ativo de retornar a desempenhar suas funções requeridas.

Quando um executante recebe a requisição de serviços, ele precisa se planejar para cumprir o prazo preestabelecido para que o planejamento siga dentro dos padrões desenvolvidos.

Este tempo médio para a execução é estabelecido levando em consideração alguns fatores tais como:

- A necessidade do ativo de retornar a produção o quanto antes.
- Os estudos realizados pela equipe de planejamento monitorando o passo a passo da atividade.
- O histórico de execução desta atividade específica baseando nos imprevistos e ou condições adversas que podem ter ocorrido.

Devido a isso todo desvio ocorrido durante a realização de uma atividade, deve ser informado ao planejamento para que justifique o tempo excedido ou antecipado, para que a equipe de planejamento possa reavaliar a tempo médio estabelecido para a execução da respectiva atividade.

Fontes de energia a serem bloqueadas

Toda atividade deve ser realizada de forma segura.

Para as atividades que necessitam do ativo parado, sem movimento, existe a necessidade de bloquear as fontes de energias perigosas, para que assim durante a execução não se obtenha nenhum movimento indesejado do ativo e ou nenhuma descarga desnecessária tanto de energia elétrica, como de energias mecânica e/ou hidráulica.

Para que não ocorra nenhuma anormalidade, e as fontes de energias perigosas sejam bloqueadas, a requisição de serviço deve conter informações referentes à quais fontes necessitam ser bloqueadas para que o executante possa garantir a sua segurança e dos demais colaboradores.

Todo bloqueio de energias perigosas deve ser realizado antes do início de qualquer atividade e para otimizar seu tempo, o executante já deverá se dirigir para o ativo com seus respectivos cartões e cadeados de bloqueios mencionados na requisição de serviço.

Materiais a serem utilizados

Outra fonte de informação que minimiza tanto os custos de manutenção quanto o tempo estabelecido para a execução da atividade, é a disponibilidade dos materiais a serem utilizados durante a execução para que seja possível reativar a confiabilidade do ativo.

Estes materiais devem estar descritos na requisição de serviço e quem tem a responsabilidade de discriminar e levantar estes materiais é o inspetor de manutenção, este profissional funciona como se fossem os olhos do planejamento, pois ele é quem mais conhece o comportamento dos ativos e por ser um profissional extremamente técnico e prático, possui habilidades e expertise capaz de se antecipar às falhas e perceber qual componente está apresentando defeito.

Uma vez percebido e definido que determinado componente necessita ser substituído, o mesmo deve especificar o material e fazer com que esta informação chegue ao conhecimento do planejamento que irá inserir a necessidade de substituição na requisição de serviços e solicitar a aquisição do mesmo, para que o programador possa inserir esta atividade na programação dos eventos da manutenção.

Uma vez definido, especificado, planejado, adquirido e programado, o setor de abastecimento deve disponibilizar este material para a execução, para que a atividade corra conforme a necessidade do ativo.

Ferramentas a serem utilizadas

Para a realização da atividade planejada, o executante irá necessitar de ferramentas específicas para a desmontagem e montagem do ativo.

Estas ferramentas também devem estar listadas e informadas na requisição de serviços para evitar que a execução leve uma infinidade de ferramentas desnecessárias para o local de trabalho.

As boas práticas de segurança sugerem que seja alocado próximo a atividade somente aquilo que seja extremamente útil evitando assim o acúmulo de peças e materiais que podem gerar condições inseguras para a realização da atividade.

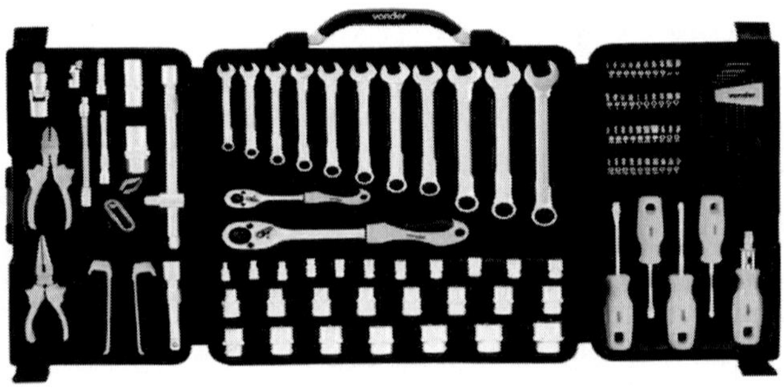

Durante o planejamento da atividade, estas ferramentas devem ser dimensionadas e analisadas para garantir que tenham todos os recursos disponíveis para os executantes sem haver excessos.

Sugere-se que envolvam os executantes na elaboração desta lista de ferramentas, pois, ele é o profissional mais capacitado para informar quais recursos ferramentais irá necessitar.

Recursos Especiais

Dependendo da atividade a ser realizada, os executantes podem necessitar de algum tipo de apoio e/ou suporte, principalmente para atividades as quais necessitam movimentar algum componente grande ou pesado.

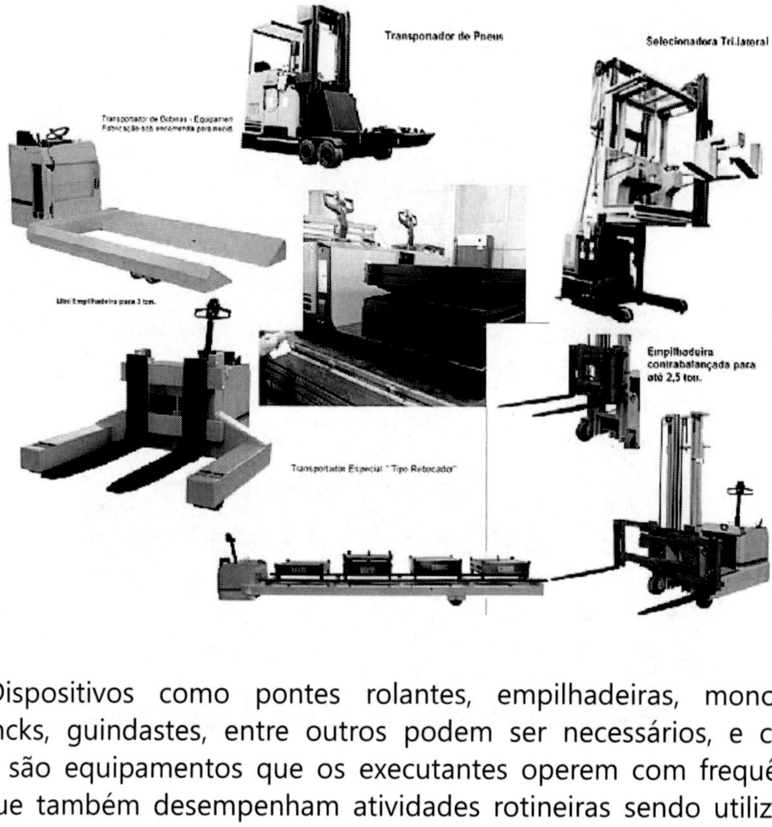

Dispositivos como pontes rolantes, empilhadeiras, monovias, muncks, guindastes, entre outros podem ser necessários, e como não são equipamentos que os executantes operem com frequência e que também desempenham atividades rotineiras sendo utilizadas em diversas frentes operacionais, o planejamento deverá solicitar ao setor operacional a disponibilidade do equipamento para atender a atividade no dia e horário estabelecido.

Por norma (NR11) estes equipamentos são classificados como equipamentos de movimentação de cargas e só podem ser operados por profissionais altamente habilitados, qualificados e autorizados, desta forma deverá ser solicitado junto ao setor operacional tanto o equipamento como seu respectivo operador.

A falta desta informação na requisição de serviço pode levar os executantes a improvisarem recursos para a realização da atividade, improvisações estas que certamente poderão gerar condições inseguras de trabalho, podendo gerar tanto danos materiais quanto danos físicos caracterizados por acidentes.

Sempre que for necessário utilizar estes equipamentos devem ser seguidos os procedimentos gerados pela organização e o envolvimento da equipe de segurança do trabalho.

Instrumentos Especiais

Além da descrição de todo ferramental a ser utilizado na atividade, o planejamento também deve descrever e listar todos os instrumentos especiais que os executantes irão utilizar.

Para a manutenção industrial não se considera instrumentos especiais como ferramentas básicas de trabalho.

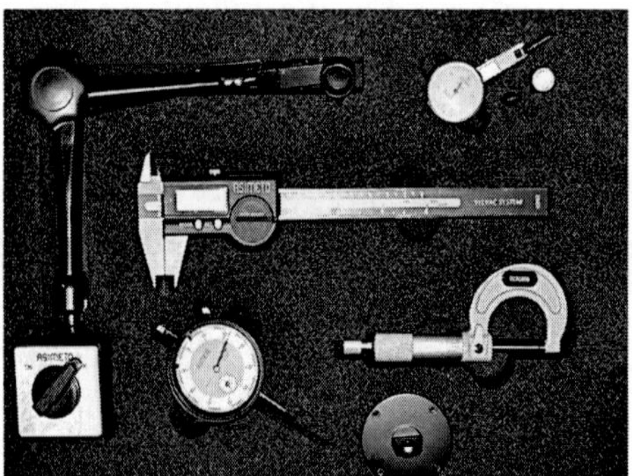

O entendimento de ferramentas direcionado para todas as ferramentas que podem ser alocadas dentro da caixa individual de cada executante.

Já os instrumentos especiais não devem ser armazenados nas caixas de ferramentas, pois necessitam de condições especiais para serem alocados.

Os instrumentos como, paquímetros, micrômetros, relógios comparadores, súbitos, rugosímetros, durômetros, entre outros, devem ser armazenados em ambientes limpos, com temperatura controlada e em superfícies adequadas.

Esta necessidade existe para manter a calibração as quais foram submetidos por normas e garantir a eficácia da tolerância exata durante sua medição.

O planejamento deve inserir na requisição de serviços todos os instrumentos especiais que serão necessários para a atividade e garantir que os mesmos serão disponibilizados.

Clara descrição da atividade

A atividade a ser realizada precisa ser descrita passo a passo, pois na maioria das vezes os executantes não inspecionaram o ativo em funcionamento para saberem exatamente qual seu comportamento onde atuar para eliminar a falha ou corrigir o defeito.

Este passo a passo deixará a atividade pré-direcionada, a qual servirá de um guia para os executantes durante sua realização, independente de qual seja o executante e sua expertise naquele respectivo ativo.

Nem sempre a equipe executante domina todos os ativos da organização, onde alguns podem ser mais complexos que outros, com a descrição detalhada da requisição de serviço, a equipe saberá como desmontar o ativo, por onde começar, e quais cuidados deverá ter durante sua jornada de execução, quer seja preventiva ou corretiva.

EPIs – Equipamentos de Proteção Individual

Obrigatoriamente a requisição de serviço deve conter todos os EPIs que os executantes precisarão utilizar para realizarem a atividade.

Cada setor em específico pode ter necessidades específicas para utilização de certos EPIs, e nem sempre os executantes podem ter total conhecimento deste fato.

A necessidade de informar quais EPIs devem ser utilizados para a execução da atividade se dá para otimizar o tempo e garantir que os executantes estarão resguardados com tudo que precisarão, evitando levar equipamentos de proteção desnecessários que ocuparão espaço no ambiente da atividade.

Recomendações Ambientais

Com a evolução da manutenção, até os dias atuais já vivemos muitas gerações da manutenção. Nestas evoluções nossa quarta geração a Otmização, foram inseridas novas obrigações, e a preocupação com o meio ambiente se tornou crucial dentro das atividades da manutenção.

Como cuidar do meio ambiente custa muito dinheiro para a indústria, foi necessário prevenir as contaminações, e neste caso a manutenção industrial tem um papel muito importante, pois dentro dos processos produtivos utiliza-se muitos produtos químicos que podem se tornar altamente agressivos ao meio ambiente.

Sendo assim as requisições de serviços devem orientar aos executantes sobre as possibilidades e riscos de contaminações ambientais tais como derramamento de óleo industrial que pode contaminar o solo, derramamento de produtos químicos que podem contaminar lençóis freáticos, entre outras possíveis ocorrências.

O planejamento deve prever este tipo de risco e informar na requisição de serviço os riscos e as orientações que os executantes devem se atentar para evitarem que as respectivas falhas ocorram.

Recomendações de Segurança

Assim como as questões ambientais, a segurança dos trabalhadores é inegociável e deve ser preservada a qualquer custo.

Todos os possíveis riscos que a equipe de execução pode estar sendo exposta devem ser informados e as recomendações de como evitar tais riscos devem ser descritas na requisição de serviço.

Os executantes nem sempre conhecem bem o ambiente ou o setor que estão atuando e por isso todas as informações referentes à segurança devem ser disponibilizadas para que tenham totais condições de realizar suas atividades com segurança.

Em caso de dúvidas e ou dificuldade de definir os riscos, seria interessante envolver a equipe de segurança do trabalho, lembrando que as recomendações de segurança independem da Análise de Riscos emitida para a atividade.

4.4.4 – MDT – Memorial Descritivo Técnico

É um documento que traz em detalhes tudo que será executado em um projeto. Ele informa todas as estruturas e materiais que estarão presentes na construção ou na fabricação de um equipamento, entre outros.

Quando falamos sobre as etapas de um projeto de construção ou fabricação industrial, a primeira imagem que vem à cabeça de muitos, são vários desenhos e informações normativas que devemos seguir.

O Memorial Descritivo Técnico deve seguir todas as diretrizes das Normas Técnicas vigentes principalmente a ABNT, ele determina uma série de condições que garante que a execução do projeto quer seja da instalação, fabricação ou até mesmo manutenção, seja executado com extrema segurança e confiabilidade.

Veja abaixo algumas informações que devem constar no memorial descritivo de acordo com a ABNT:

- Localização do projeto.
- Responsável técnico.
- Período de execução.
- Detalhe de cada etapa do projeto.
- Conceituação do projeto.
- Normas adotadas para a realização do projeto.
- Premissas básicas adotadas durante o projeto.
- Objetivos do projeto.
- Detalhamento de materiais empregados.
- Demais detalhes que podem ser importantes para o entendimento completo do projeto.

O memorial descritivo é essencial tanto para os responsáveis pela execução do projeto como para o Fornecedor.

No memorial descritivo técnico é que devem estar especificadas as atividades que não podem ser descritas por meio do desenho técnico.

Quanto mais completo estiver esse detalhamento, mais fácil será o gerenciamento do projeto. Dessa forma, é possível evitar erros e os atrasos na execução e ou fabricação.

O memorial descritivo técnico serve como um comprovante legal de tudo o que foi solicitado para a construção, manutenção ou fabricação de um ativo.

4.4.5 – Relatório Técnico

É um documento pelo qual se faz a difusão da informação corrente, sendo ainda um registro das informações obtidas.

É elaborado principalmente para descrever experiências, investigações, processos, métodos, análises, entre outras atribuições.

É a exposição escrita dos fatos observados mediante pesquisas ou experiências quanto à questão visada, com explicações detalhadas que comprovam aquilo que é exposto.

Trata-se de uma exposição de dados ou fatos dirigidos a alguém, relativamente a uma questão ou um assunto, ou ao que convém fazer dos mesmos (as recomendações).

O relatório técnico deve incluir informação suficiente para que um receptor qualificado possa avaliar e propor modificações às respectivas conclusões ou recomendações.

A estrutura do relatório técnico é formada pela parte inicial, pelo corpo, pelos anexos e pela parte final.

Em linhas gerais, o Relatório Técnico constitui uma das formas de apresentar (relatar) um trabalho. Recorrendo-se à terminologia da palavra Relatório, a mesma implica em conclusão decorrente de pesquisa, estudo de um problema ou um projeto qualquer.

Trata-se também de uma exposição pela qual uma pessoa apresenta as informações essenciais da atividade realizada, o termo técnico implica na peculiaridade a uma arte, profissão, ofício ou ciência.

O Relatório Técnico deverá ser elaborado mediante sistematização de dados ou informações oriundas de fontes empíricas, podem apresentar dados e informações de procedimentos realizados em função de uma atividade realizada ou de uma inspeção de análise comportamental do ativo.

O Relatório Técnico deverá ser estruturado com a observância das normas da Associação Brasileira de Normas Técnicas – ABNT.

A estrutura de um relatório compreende: parte externa e parte interna. Com a finalidade de orientar os usuários, a disposição de elementos é dada abaixo.

- Parte externa
  - Capa (opcional)
  - Lombada (opcional)
- Parte interna
  - Elementos pré-textuais
    - Folha de rosto (obrigatório)
    - Errata (opcional)
    - Agradecimentos (opcional)
    - Resumo na língua vernácula (obrigatório)
    - Lista de ilustrações (opcional)
    - Lista de tabelas (opcional)
    - Lista de abreviaturas e siglas (opcional)
    - Lista de símbolos (opcional)
    - Sumário (obrigatório)
  - Elementos Textuais[1]
    - Introdução (obrigatório)
    - Desenvolvimento (obrigatório)
    - Considerações finais (obrigatório)
  - Elementos pós-textuais
    - Referências (obrigatório)
    - Glossário (opcional)
    - Apêndice (opcional)
    - Anexo (opcional)
    - Índice (opcional)
    - Formulário de identificação (opcional)

Algumas referências normativas:

- ABNT NBR 6023, Informação e documentação – Referências – Elaboração.
- ABNT NBR 6024, Informação e documentação – Numeração progressiva das seções de um documento escrito – Apresentação.
- ABNT NBR 6027, Informação e documentação – Sumário – Apresentação.
- ABNT NBR 6028, Informação e documentação – Resumo – Apresentação.
- ABNT NBR 6034, Informação e documentação – Índice –

Apresentação.

- ABNT NBR 10520, Informação e documentação – Citações em documentos – Apresentação.

- ABNT NBR 10525, Informação e documentação – Número Padrão Internacional para Publicações Seriadas – ISSN.

- ABNT NBR 12225, Informação e documentação – Lombada – Apresentação.

O relatório técnico deve refletir a realidade de tudo o que foi executado e/ou inspecionado, seu conteúdo serve como histórico de evolução de desgaste e/ou condições comportamentais do ativo diante da condição executada ou observada.

Toda a responsabilidade técnica de tudo que estiver mencionado no relatório é de quem o elaborou e assinou sendo assim capaz de prestar esclarecimentos se assim necessário for.

4.4.6 – Laudo Técnico

O laudo técnico é o relato do especialista designado para avaliar determinada situação que está dentro de seus conhecimentos. O laudo é a tradução das impressões captadas pelo especialista, em torno do fato litigioso, por meio dos conhecimentos especiais de quem o examinou.

Laudo Técnico é a peça na qual o perito, profissional habilitado, relata o que observou e dá as suas conclusões ou avalia o valor de coisas ou direitos, fundamentadamente.

O Laudo Técnico certifica que suas máquinas, instalações e operações estão em conformidade com os procedimentos técnicos estabelecidos na norma. Sendo assim, é possível afirmar que sua manutenção já tomou todas as atitudes e providências para garantir a confiabilidade de seus ativos.

Em todo o universo da manutenção industrial podem existir diversos tipos distintos de laudos técnicos, os quais podem apresentar características peculiares dependendo do objetivo ou da modalidade a ser laudada.

Abaixo, alguns dos tipos mais comuns de laudos técnicos na manutenção industrial:

Laudos Dimensionais:

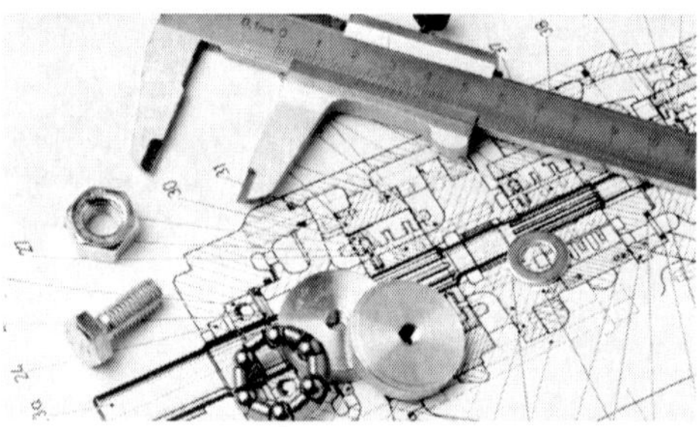

- Atestado Dimensional de peças fabricadas.
- Atestado Dimensional de peças recuperadas.
- Atestado de Alinhamento.
- Atestado de Nivelamento.
- Atestado de Balanceamento.
- Entre Outros.

Laudos de ENDs – Ensaios Não Destrutivos:

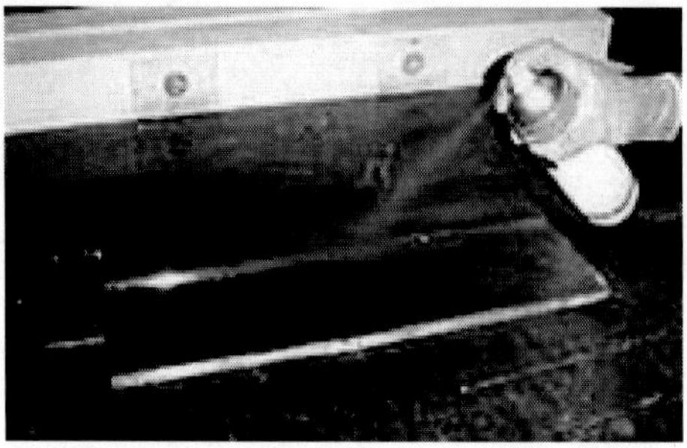

- Atestado de Ultrassonografia.
- Atestado de Radiografia.
- Atestado de Líquido Penetrante.
- Atestado de Partículas Magnéticas.
- Atestado de Estanqueidade.
- Entre Outros.

Laudos de EVs – Ensaios Visuais:

- Atestado de Inspeção Visual.
    - Funcionamento.
    - Acabamento.
    - Soldagem.
    - Entre Outros.

Laudos Laboratoriais:

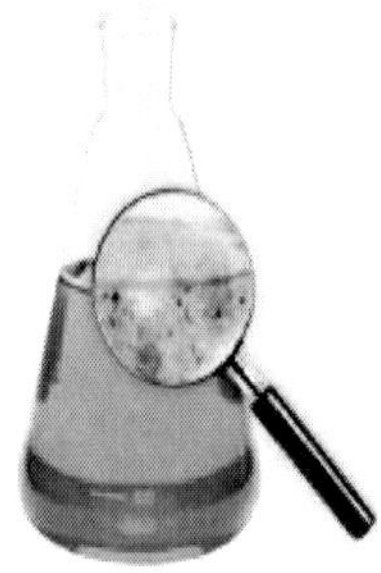

- *Análise de* **Óleo.**
- *Metalografia.*
- *Ensaios Mecânicos.*

Laudos de Análises Técnicas:

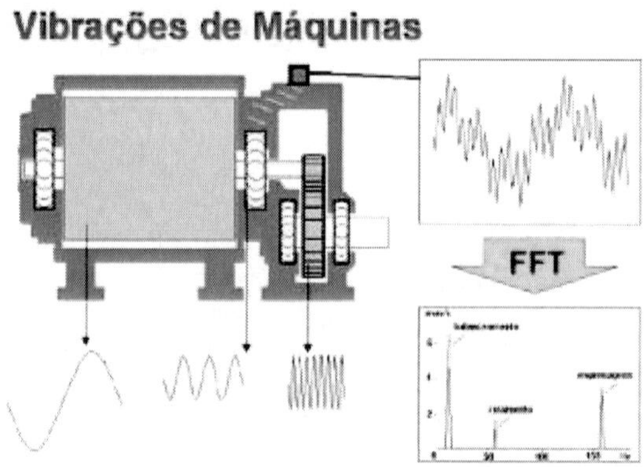

- Análise de Preditiva Concisa.
  - Inspeção.
- Análise de Preditiva Precisa.
  - Análise de Vibração.
  - *ODS.*
  - *MCA.*

Comparativo entre Relatório Técnico X Laudo Técnico.

Relatório Técnico:

- Expressa Opinião pessoal
- Informa o que foi verificado, sem necessidade de valores.
- Podem ser contestados tecnicamente
- Sem obrigatoriedade de ser uma realidade extrema

Laudo Técnico:

- Expressa uma conclusão final
- Informa o que foi estudado e medido, com necessidade de valores.
- Não podem ser contestados tecnicamente
- Com obrigatoriedade de ser uma realidade extrema

4.4.7 – Desenho Técnico

É uma forma de expressão gráfica que tem por finalidade a representação de forma, dimensão e posição de objetos de acordo com as diferentes necessidades requeridas pelas diversas modalidades de um projeto na organização.

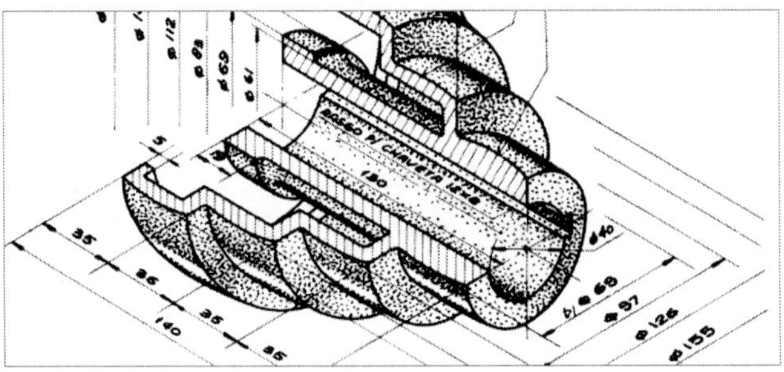

Na indústria, para a execução de uma determinada peça, as informações podem ser apresentadas de diversas maneiras:

A palavra - *dificilmente transmite a ideia da forma de uma peça.*
A peça - *nem sempre pode servir de modelo.*
A fotografia - *não esclarece os detalhes internos da peça.*

O desenho - *transmite todas as ideias de forma e dimensões de uma peça, e ainda fornece uma série de informações, como:*

- o material de que é feita a peça,
- o acabamento das superfícies,
- a tolerância de suas medidas, etc.

Utilizando-se de um conjunto constituído por linhas, números, símbolos e indicações escritas normatizadas indicações escritas normatizadas internacionalmente, o desenho técnico é definido como linguagem gráfica universal da engenharia e da arquitetura.

O desenho técnico é dividido em dois grandes grupos:

- **Desenho projetivo –** são os desenhos resultantes de projeções do objeto em um ou mais planos de projeção e correspondem às resultantes de projeções do objeto em um ou mais planos de projeção e correspondem às vistas ortográficas e às perspectivas.

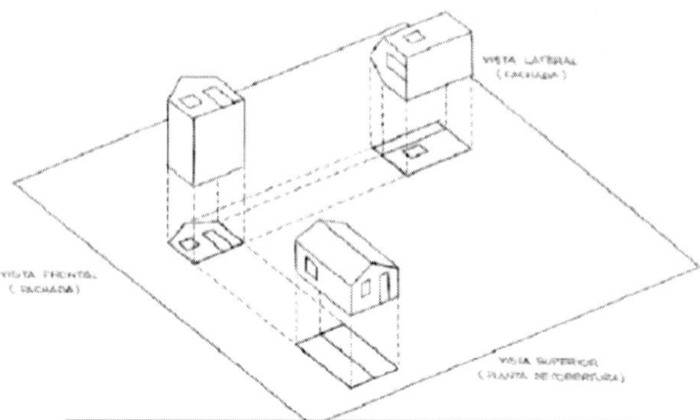

desenho em vistas projetadas

- **Desenho não projetivo –** na maioria dos casos corresponde a desenhos resultantes dos cálculos algébricos e compreendem os desenhos de gráficos, diagramas, etc.

Desenho não-projetivo

Exemplo: Diagrama Unifilar de Instalações Elétricas

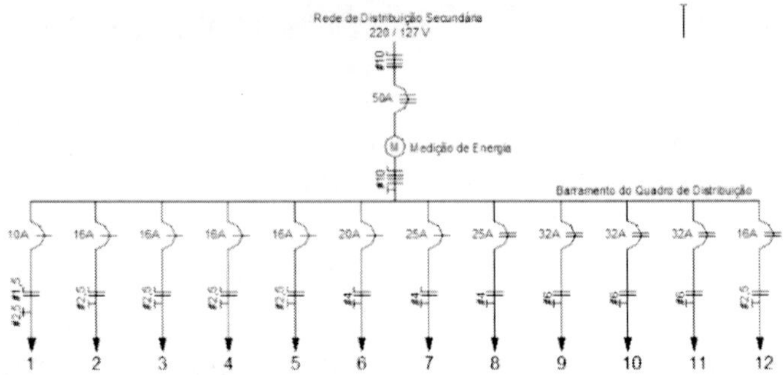

Para transformar o desenho técnico em uma linguagem gráfica foi necessário padronizar seus procedimentos de representação gráfica. Essa padronização é feita por meio de normas técnicas seguidas e respeitadas internacionalmente. Seguidas e respeitadas internacionalmente.

As normas técnicas são resultantes do esforço cooperativo dos interessados em estabelecer códigos técnicos que regulem relações entre produtores e consumidores, engenheiros, empreiteiros e clientes.

Cada país elabora suas normas técnicas e estas são acatadas em todo o seu território por todos os que estão ligados, direta ou indiretamente, a este setor.

No Brasil as normas são aprovadas e editadas pela Associação Brasileira de Normas Técnicas – ABNT, fundada em 1940.

As normas técnicas que regulam o desenho técnico são normas editadas pela ABNT.

As normas técnicas que regulam o desenho técnico são normas editadas pela ABNT, registradas pelo INMETRO (Instituto Nacional de Metrologia, Normalização e Qualidade Industrial) como normas brasileiras -NBR e estão em consonância com as normas internacionais aprovadas pela ISO.

É um dos documentos mais importantes para a Manutenção.

Os mantenedores podem levar cópias dos desenhos para campo, para acompanhamento das atividades.

O inspetor é o responsável por analisar toda e qualquer condição técnica do desenho. Qualquer alteração física no ativo deve ser automaticamente corrigida no desenho.

4.4.8 – Procedimentos Técnicos

Como já foi mencionado no Item 4.4.3 – Requisição de Serviço, o Procedimento é uma descrição detalhada de todas as ações necessárias para a realização de uma atividade, com determinado objetivo, para que todos executem a mesma tarefa de modo igual.

É a ação de proceder ou o método de executar algumas coisas. Trata-se do conjunto sequencial de ações, que permitem realizar um trabalho de forma correta e atingir uma meta.

É uma Padronização Técnica de como a atividade deve ser realizada para garantir a qualidade do trabalho independente de *qual profissional irá realizar.*

Seguem abaixo as etapas de Elaboração de um procedimento:

- Formação de um Grupo de Trabalho.
- Discutir a intenção.
- Definir o alcance.
- Definir o objetivo.
- Descrição do procedimento.
- Definir Responsabilidades.
- Distribuidor.

- Anexos.
- Responsável pela emissão.
- Data revisão.
- Treinamentos.

O Procedimento Técnico é a garantia do Know How da Manutenção.

4.4.9 – EPS – Especificação de Procedimento de Soldagem

É um documento no qual os valores permitidos de diversas variáveis do processo estão registrados para serem adotados, pelo soldador ou operador de soldagem, durante a fabricação de uma dada junta soldada.

A EPS é elaborada mediante uma RQPS, responsável por realizar todos os testes e ensaios de uma junta soldada para garantir sua eficácia.

Da RQPS também se define a qualificação dos soldadores para a realização da respectiva junta que será coordenada pela EPS.

As variáveis do procedimento que podem fazer parte de uma EPS incluem, por exemplo:

- A composição,
- Classe e espessura do(s) metal(is) base,
- Processo(s) de soldagem,
- Tipos de consumíveis e suas características,
- Projeto da junta,
- Posição de soldagem,
- Temperatura de pré-aquecimento e entrepasses,
- Corrente, tensão e velocidade de soldagem,
- Aporte térmico,
- Número aproximado de passes,
- Tratamento térmico após a soldagem (quando usado).
- Entre outros.

A exigência de uma EPS e o cumprimento de suas diretrizes determinadas, nada mais é do que a garantia da qualidade de todos os pontos soldados em uma determinada peça ou ativo. A garantia de que o material não sofreu nenhum dano físico e mesmo após as agressões sofridas ainda continuam com suas características mecânicas intactas.

4.4.10 – Responsabilidade Técnica

É a responsabilidade técnica de um profissional ou de uma empresa referente aos serviços *que foram prestados para uma organização.*

A Lei n° 6.496, de 7 de dezembro de 1977, estabelece que todos os projetos referentes à execução de serviços ou obras técnicas ou de Engenharia, deverão ser objeto de anotação no Conselho Regional de Engenharia e Agronomia – Crea ou Conselho Federal dos Técnicos - CFT.

ART: Assinatura de Responsabilidade Técnica

Órgão Emissor: *CREA – Conselho Regional de Engenharia e Agronomia.*

Credenciamento: *Engenheiros e Tecnólogos.*

TRT: Termo de Responsabilidade Técnica.

Órgão Emissor: *CFT – Conselho Federal dos Técnicos Industriais.*

Credenciamento: *Técnicos Industriais.*

A princípio existem 3 Tipos de responsabilidades técnicas:

- ***De Obra ou Serviço:*** *execução realizada por profissionais cadastrados no Sistema Confea/CREA ou CFT.*

- ***De Obra ou Serviço de Rotina:*** *múltipla ou seja* **vários serviços realizados em um tempo determinado.**

- ***De Cargo ou Função:*** *contratação de pessoa jurídica para exercer cargo ou função técnica.*

As responsabilidades técnicas são atribuídas aos profissionais de acordo com suas respectivas graduações, cabendo a cada profissional atender sua classe dentro das liberações que os órgãos determinam.

Atribuições Técnicas

Atribuições Técnicas dos Técnicos Industriais:

- Gerenciamento da execução de trabalhos e serviços técnicos.
- Inspeção Técnica de equipamentos, instalações e materiais.
- Aplicação das normas técnicas.
- Assessoria e Consultoria técnica de execução.
- Condução da execução de trabalho técnico.
- Condução de equipe de instalação, montagem, operação, reparo ou manutenção.
- Treinamento de equipes de execução e planejamento.
- Desempenho de cargo e função técnica ao âmbito de sua habilitação.
- Fiscalização da execução de serviços e de atividade de sua competência.

Organização de arquivos técnicos.

- Execução de trabalhos repetitivos de mensuração e controle de qualidade.
- Execução de serviços de manutenção de instalação e equipamentos.
- Execução de instalação, montagem e reparo.
- Prestação de assistência técnica, ao nível de sua habilitação.
- Elaboração de orçamentos relativos às atividades de sua competência.
    - Execução de ensaios de rotina.
    - Execução de desenho técnico.

Atribuições Técnicas dos Tecnólogos:

- Todas as Atribuições do Técnico.
- Vistoria, perícia, avaliação, arbitramento, laudo e parecer técnico.
- Desempenho de cargo e função técnica.
- Ensino, pesquisa, análise, experimentação, ensaio e divulgação técnica; extensão.

Atribuições Técnicas dos Engenheiros:

- Todas as Atribuições dos Técnicos e Tecnólogos.
- Supervisão, coordenação e orientação técnica.
- Estudo, planejamento, projeto e especificação.
- Estudo de viabilidade técnico-econômica;
- Assistência, assessoria e consultoria para engenharia.

Direção de obra e serviço técnico.

A Responsabilidade Técnica nada mais é do que dar a quem é de direito os méritos e os compromissos de um projeto ou serviço. É informar quem responde tecnicamente pelo projeto ou serviço.

Você sabe o que pode acontecer se um profissional desenvolver alguma atividade sem a devida habilitação legal?

Se por algum motivo, algo sair como não planejado e gerar algum acidente e ou incidente, o exercício ilegal da função pelo código penal brasileiro é considerado crime, e pode levar a consequências drásticas, inclusive, passivo de reclusão.

Sempre que solicitar um serviço ou projeto, exija a Assinatura de Responsabilidade Técnica ou o Termo de Responsabilidade Técnica, este documento te dará a segurança de que o profissional que está executando a atividade é treinado, capacitado, habilitado e autorizado a desenvolver e cumprir com suas obrigações.

5- Arquivo Técnico

É um conjunto de documentos criados ou recebidos por uma organização, que os mantêm ordenadamente como fonte de informação para a execução de suas atividades.

Os documentos preservados pelo arquivo podem ser de vários tipos e em vários suportes.

O Arquivo Técnico possui diversas finalidades tais como:

- Fornecer informações e documentos necessários ao desenvolvimento das atividades.
- Facilitam o acesso aos documentos.
- Preservar a documentação da empresa.
- Possibilitar o controle da produção de documentos.
- Colocar à disposição dos usuários documentos que fornecem informações de caráter técnico ou simplesmente informativo.
- Recolher e ordenar todos os documentos que circulam na empresa;
- Avaliar e selecionar os documentos, tendo em vista sua preservação ou eliminação;
- Garantir o fluxo dos pedidos de documentos provenientes dos diversos órgãos da empresa;
- Arquivar os documentos, visando a preservação da informação;
- Conservar e assegurar a integridade dos documentos, evitando danos que possam ocasionar a sua perda;
- Executar as funções específicas conforme a organização e administração da instituição.

O Arquivo Técnico pode ser de dois tipos:

Arquivo Técnico Ativo:

É aquele Arquivo técnico onde há uma frequência de procuras, consultas, estudos e buscas de informações rotineiras, aquele que os profissionais recorrem para encontrar os fatos e dados que necessitam para realizarem suas tarefas.

Arquivo Técnico Morto:

É aquele arquivo técnico onde se guardam documentos e projetos obsoletos, os quais não são comumente procurados para consultas nem coleta de informações, basicamente se tratam de documentos aos quais as normas obrigam que sejam guardados por um determinado tempo por questões jurídicas, havendo assim consultas esporádicas quando necessário.

Diversos documentos podem e devem ser armazenados dentro de um Arquivo Técnico, os mais comuns são:

- Desenhos Técnicos.
- Projetos Estruturais e Diversos.
- Manuais de Fabricantes.
- Relatórios Técnicos.
- Literaturas Técnicas.
- ARTs e TRTs.
- Laudos Técnicos.
- Folders de Fornecedores.
- Requisições de Serviços.
- Atas de reuniões.
- Entre Outros.

Nos dias atuais existem duas formas de se manter a documentação técnica da organização.

Documento Físico

Documento Digital

O arquivo técnico deve estar preparado para absorver as duas formas, pois ambas são extremamente essenciais para a manutenção.

No documento físico, todos os colaboradores ou funcionários podem acessar e buscar as informações desejadas, porém possui uma fragilidade muito grande que seria o extravio do documento original.

Já o documento digital, somente acessa quem tem recursos eletrônicos e senhas disponibilizadas pela gestão, porém a segurança da informação é muito maior, pois sempre pode tirar uma cópia e manter o documento original intacto e mantendo assim o know how da manutenção seguro.

6 - Considerações Finais

À medida que chegamos ao término desta jornada exploratória sobre a importância da documentação técnica na manutenção industrial, é imperativo reconhecer o papel fundamental que a documentação técnica desempenha não apenas como uma ferramenta operacional, mas como um pilar estratégico para a eficiência, segurança e sustentabilidade das operações industriais.

Ao longo deste livro, discutimos extensivamente como a documentação técnica serve de alicerce para a manutenção preventiva, a garantia da segurança, a conformidade regulatória e a capacitação da força de trabalho. Estes elementos são cruciais não só para o sucesso imediato das operações diárias, mas também para a longevidade e competitividade sustentável das empresas no dinâmico cenário industrial.

A era digital trouxe consigo desafios e oportunidades para a manutenção industrial. A digitalização da documentação técnica, embora apresente desafios relacionados à gestão e segurança dos dados, oferece uma oportunidade sem precedentes para melhorar a acessibilidade, a precisão e a eficácia das práticas de manutenção. As tecnologias emergentes, como a realidade aumentada e a inteligência artificial, prometem revolucionar ainda mais a forma como as informações técnicas são utilizadas no chão de fábrica.

No entanto, a adoção dessas tecnologias não diminui a importância da documentação técnica; pelo contrário, reforça a necessidade de uma base sólida de conhecimento e procedimentos claramente documentados. A inovação tecnológica deve ser vista como uma ferramenta que amplia o valor da documentação técnica, permitindo que as informações sejam mais facilmente atualizadas, compartilhadas e aplicadas.

À medida que olhamos para o futuro, é evidente que a documentação técnica continuará a ser um elemento vital na manutenção industrial. As empresas precisam cada vez mais olhar na sua gestão este tema como Investimento e não como despesa, portanto, serão necessários investimentos na criação, atualização e digitalização eficazes de sua documentação técnica, onde possibilitará enfrentar os desafios do futuro na gestão da manutenção industrial, mantendo suas operações seguras, eficientes e competitivas.

Que os insights compartilhados neste livro inspirem todos os profissionais envolvidos na manutenção industrial a valorizar, aprimorar e inovar na forma como gerenciam sua documentação técnica. Juntos, podemos assegurar que a indústria não apenas sobreviva, mas prospere, enfrentando os desafios do presente e do futuro com resiliência e visão de longo prazo.

Com estas considerações finais, convidamos os leitores a refletir sobre o papel transformador que a documentação técnica pode desempenhar em suas próprias organizações e a se comprometerem com a sua melhoria contínua. Que este livro sirva não apenas como um recurso informativo, mas como um catalisador para ação e inovação na manutenção industrial e sirva, também, inspirar os profissionais da indústria a adotar as melhores práticas e abraçar as inovações tecnológicas. Ao fazê-lo, podemos garantir que a manutenção industrial continue a evoluir, sustentando o crescimento econômico e contribuindo para uma sociedade mais segura e sustentável.

José Cleber Lopes
Gerente Industrial / Gestão & Gente
cleber.lopes@grupocentralbrsil.com.br
31-99796-2311

7 – Nota do Autor

Uma boa base para o desenvolvimento da Manutenção Industrial começa com a correta definição das responsabilidades e do nível de autoridade de cada participante, ou seja, todos devem saber o que fazer e até que ponto devem chegar.

Regras para definir esses limites contribuirão para evitar falhas e ocorrências de retrabalho e homogeneizar o sistema.

Desta forma, devem ser definidas, documentadas e comunicadas as funções, responsabilidades e autoridades dentro da empresa.

A alta Gestão deve evidenciar seu comprometimento com a política da Qualidade, Meio Ambiente e Saúde e Segurança, com o desenvolvimento e implementação das estratégias adequadas, com a melhoria contínua, devendo também assegurar a disponibilidade dos recursos essenciais.

A Documentação Técnica da Manutenção Industrial auxilia na consolidação do conhecimento da empresa.

Os documentos devem estar permanentemente atualizados, inclusive suas revisões, de preferência utilizando sistemas de controle informatizados, evitando assim o excesso de burocracia, carimbos, etc.

Caso seja necessária a emissão de cópias em papel, as mesmas devem ser controladas.

A empresa deve documentar todos os processos, procedimentos, fluxogramas, instruções, registros, etc., gerados no escopo da manutenção industrial profissional.

Além de manter os documentos arquivados e seguros, a empresa deve exigir de seus fornecedores, quando pertinente, toda a documentação que faz parte de um respectivo projeto, serviço ou fornecimento, quer seja de um produto ou de um projeto.

Nenhum fornecedor deve agregar custos sob a exigência da documentação técnica pois independente do acerto comercial, a responsabilidade pela documentação fornecida é de quem está elaborando o projeto ou executando o serviço.

Se a organização quiser manter o seu know how técnico ela deve cuidar bem de sua documentação técnica, pois a outra forma seria retendo os profissionais que se destacam, porém não depende apenas da empresa e, sim, também, do funcionário.

A proposta deste trabalho é mostrar à equipe de manutenção industrial que existe uma necessidade extrema de solicitar e manter ativa toda documentação de seus processos, ativos e componentes.

8 – Fontes de Informações

- Registros e descritivos do CREA PR.
- Registros e descritivos do CFT PR.
- Apostila Inspetor de Solda ProEnd.
- Manual do SIGMA.
- Norma ISO 9000-2015.
- *Aula Técnica SGQ – Elias Gonçalves.*

9 – Sobre o Autor

Edson Gonçalves, 50 anos, nascido no dia 11/04/1974, na cidade de Coronel Fabriciano, em Minas Gerais, filho de Otil Gonçalves Neto e Maria Vieira Gonçalves, é o quinto filho de uma família de7 irmãos, casado desde o ano 2000 com Neide Oliveira Gonçalves Guerra, pai de 2 filhas Sabrina e Emanuelle., está sempre presente não abre mão do convívio familiar onde encontra tranquilidade e equilíbrio para equalizar as pressões do trabalho e o aconchego da vida em família.

De família de classe baixa, estudou em escolas públicas, sempre obteve médias significativas, o que propiciou a nunca ter sido reprovado.

Teve sonhos de criança, começou pelo futebol, onde algumas tentativas de se profissionalizar no mundo mágico do esporte não foram muito bem-sucedidas com relação ao lado financeiro, porém educacional e culturalmente pôde ser orientado de forma correta, o que o manteve longe da bebida e das drogas ilícitas, práticas estas que são cultivadas até os dias de hoje.

Teve uma infância feliz com muita agitação e liberdade para realizar todas as peripécias de uma criança em fase de crescimento.

Técnico em Mecânica, formado no ano de 1992, na Escola Técnica Vale do Aço, iniciou por diversas vezes o curso superior sem muito sucesso devido à dedicação às funções do trabalho, com diversos cursos de aperfeiçoamento, inclusive no exterior, iniciou sua carreira profissional como estagiário de uma cimenteira na cidade de Santana do Paraíso em Minas Gerais.

Após seu estágio foi mecânico de manutenção de algumas prestadoras de serviços (Ebec e Sankyu) nas dependências de uma usina siderúrgica na cidade de Ipatinga MG, onde foi efetivado como Inspetor de Manutenção pela USIMINAS (Usinas Siderúrgicas de Minas Gerais), trabalhou por alguns anos exercendo a função, até sua transferência para a concorrente CSN (Companhia Siderúrgica Nacional) na cidade de Araucária PR.

Cumpriu mais um ciclo durante alguns anos, também exercendo a função de supervisão de manutenção e inspeção, onde pode desenvolver diversas habilidades técnicas que lhe deu a condição de evoluir suas práticas e conhecimentos voltados para a inspeção de manutenção industrial.

Transferiu-se para uma empresa do ramo Petroquímico (Arauco do Brasil) onde trabalhou por mais 2 anos exercendo a função de Gestor de Manutenção e aplicou seus conhecimentos para atingir os resultados esperados pela organização.

Formado em Engenharia Mecânica, e nos dias atuais continua exercendo as funções de Gestor e Empresário. É um dos sócios da empresa de Consultoria, Assessoria e Execução de Manutenção em geral, em todos os segmentos industriais em prol do desenvolvimento de novas técnicas manutenção e de inspeção sensitiva, voltada para a evolução da manutenção industrial, procurando sempre cumprir suas metas e atender todas as expectativas das organizações que necessitam de seus serviços.

Especializou-se em treinamentos técnicos. Ministra vários treinamentos desde a prática de execução, até a gestão de liderança e gestão comportamental para organizações que necessitam de reestruturar seu efetivo técnico. Tornou-se especialista em Gerenciamento de Manutenção Industrial e realiza consultorias e assessorias em diversas empresas dentro e fora do Brasil aplicando as técnicas de acordo com as normas vigentes e as melhores práticas mundiais.

Vida Profissional

Especialista em Manutenção Industrial, com diversos cursos de aperfeiçoamento, inclusive no exterior, com sólida atuação em empresas e indústrias de grande porte, desenvolvendo atividades na área da manutenção e produção.

Área de atuação: Técnica – Manutenção – Engenharia

Experiências Internacionais

- Japão.
- Estados Unidos.
- Alemanha.
- Holanda.
- Argentina.
- Chille.

Empresa	***Cargo***	***Período***
-Cimento Caue S.A	*Técnico em Mecânica*	*1 ano*
-Sankyu S.A	*Mecânico Ajustador*	*1 ano*
-Carvalho Mont. Ind.	*Mecânico Ajustador*	*1 ano*
-Usiminas – Usinas Sid. MG	*Supervisor de Inspeção*	*6 anos*
-CSN – Comp. Sid. Nacional	*Supervisor de Manutenção*	*9 anos*
-Arauco do Brasil	*Supervisor de Manutenção*	*2 anos*
-Optimus	*Gestor*	*Atual*

Descrição das Principais Atividades Desempenhadas

Participação nos projetos de implementação de novas unidades de produção.

Gerenciamento das equipes de montagens, alinhamentos, ajustes, lubrificação e testes do startup das linhas de produção de Laminação a Frio.

Desenvolvimento e aplicação de novas sistemáticas de manutenção das unidades de produção, otimizando os recursos, minimizando as necessidades de intervenção e consequentemente reduzindo custos de mão de obra e materiais sobressalentes na proporção de 12% ao ano.

Desenvolvimento e reformulação de todo sistema hidrostático de lubrificação e refrigeração dos mancais e rolamentos dos cilindros de laminação, aumentando sua vida útil em aproximadamente 60%.

Redimensionamento de componentes e equipamentos aumentando o volume de produção em 15%, garantindo sua disponibilidade e confiabilidade.

Participação do grupo de voluntários, desenvolvendo dentro da empresa a cultura de segurança com o objetivo de atingir o índice zero de acidentes.

Coordenar e supervisionar equipe de inspeção técnica para avaliação das condições de funcionamento dos equipamentos.

Coordenar e supervisionar elaboração de programação das atividades para encaminhamento dos equipamentos para manutenções, preventivas, preditivas e corretivas.

Desenvolvimento e implantação de condições de manutenabilidade dos equipamentos.

Implantação do programa de vazamentos zero.
Elaboração de treinamentos para os colaboradores recém-admitidos.
Supervisionar e acompanhar as atividades de caldeiraria.
Supervisionar e acompanhar as atividades de usinagem e retífica.
Implementação do sistema de gerenciamento de manutenção.
Elaboração de procedimentos de manutenção.
Elaboração de sistemáticas de planos de manutenção, inspeção e lubrificação.

Especificação técnica dos componentes e elementos de máquinas dos equipamentos.

Implantação da sistemática TPM, RCM e MOC.

Aplicação de Brainstorm e Bentchmarkim.

Implantação e Aplicação dos métodos de avaliação e analises de falhas.

Elaboração de orçamento anual.

Implantação de gestão de manutenção à vista.

Elaboração de visão, missão e objetivos da manutenção.

Desenvolvimento de sistemática de manutenção em função de normas técnicas para equipamentos dedicados.

Gerenciamento de contratos de terceiros.

Desenvolvimento e avaliação de novos fornecedores e prestadores de serviços.

Elaboração de indicadores da manutenção.

Contatos com fornecedores para desenvolvimento de sobressalentes e ou readequação de equipamentos e componentes.

Visitas técnicas a fornecedores e fabricantes para avaliação e inspeção dos equipamentos.

Acompanhamento e supervisão das execuções das atividades programadas e emergenciais.

Desenvolvimento de manuais descritivos técnicos para equalizar as informações junto aos fornecedores, analisando as normas cabíveis para cada aplicação.

Prestação de serviços de consultoria e assessoria à manutenção, das organizações nacionais e internacionais.

Palestrante de estratégias e ferramentas estratégias de manutenção.

Instrutor de treinamentos técnicos e práticos referentes aos elementos de máquinas e diretrizes de manutenção.

Habilidades Pessoais

- Tranquilidade, Curiosidade, Atenção.
- Facilidade de Relacionamento Interpessoal.
- Busca por aprendizado, Desenvolvimento e Resultados.
- Disciplina, Liderança Situacional.

Cursos de Aperfeiçoamentos

Inspetor de Soldagem Nível 1, Inspetor de LP.

Desenho Mecânico, Metrologia, Alinhamento de Máquinas, Maçarico de Corte.

Hidráulica, Esquemas hidráulicos, Sistemas de Gerenciamento de Manutenção.

Solda, Freios, Vedações, Filtros, Lubrificantes e Lubrificação Classe Mundial.

Roscas, Cabos de Aço, Correias, Bombas, Correntes.

Manutenção Preditiva, Controle de Custos, PCOM, Sistema de Gestão Ambiental.

Especificações de Válvulas, Rolamentos, Mancais de Rolamentos.

Controle de Vapor e Ar Comprimido, Pneumática, Redutoras.

Inspetor de Equipamentos, RCM, MOC, Controle de Qualidade Total.

Chefia e Liderança, Garantindo a Primeira Impressão.

Assertividade e Desinibição, A Arte de Falar em Público.

Liderança Ocupacional, Técnicas de Abordagem e Linguagem Corporal.

NR 11, NR 13, NR 18, NR 33, Manutenção Classe Mundial, Ms Project

OBS: *Condecorado pela USIMINAS como Operário Destaque de Qualidade em virtude do comprometimento, esforços e resultados obtidos em busca da qualidade total.*

Condecorado pela ASSOCIAÇÃO BRASILEIRA DE LIDERANÇA - BRASLIDER com o Prêmio EXCELÊNCIA E QUALIDADE BRASIL, MELHORES DO ANO na categoria PROFISSIONAL DO ANO em Consultoria Técnica

Mecânica em 2014, 2015, 2016, 2017 e 2019.

Reconhecido como Especialista em Rolamentos Pela NSK-Maior fabricante de Rolamentos Japonês.

Contatos:
edinhoguerra@bol.com.br
edson@optimuscsi.com.br
41-99667-6914

A Via Láctea

Quando tudo está perdido
Sempre existe um caminho
Quando tudo está perdido
Sempre existe uma luz

Hoje a tristeza não é passageira
Hoje fiquei com febre a tarde inteira
E quando chegar a noite
Cada estrela parecerá uma lágrima

Queria ser como os outros
E rir das desgraças da vida
Ou fingir estar sempre bem
Ver a leveza das coisas com humor

É só hoje e isso passa
Só me deixe aqui quieto, Isso passa

Amanhã é um outro dia, não é?

Eu nem sei por que me sinto assim
Vem de repente um anjo triste perto de mim
E essa febre que não passa
E meu sorriso sem graça
Não me dê atenção

Quando tudo está perdido
Sempre existe uma luz
Quando tudo está perdido
Sempre existe um caminho

Quando tudo está perdido
Eu me sinto tão sozinho
Quando tudo está perdido
Não quero mais ser quem eu sou

Mas não me diga isso, Não me dê atenção
E obrigado por pensar em mim

Renato Russo

Realização

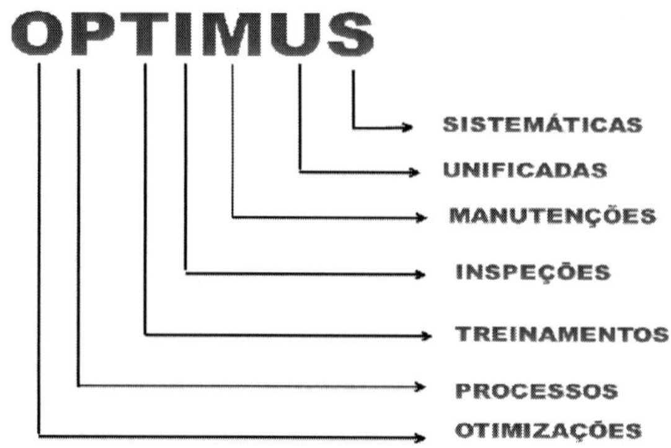

*O que é a **OPTIMUS?***

Uma empresa voltada para Otimizações de Processos, Treinamentos, Inspeções e Manutenções Unificadas e Sistemáticas.

Nossa atualidade promove uma competitividade extrema, exigindo das

Organizações um processo de melhoria contínua jamais visto, processo este que muitas vezes tem se tornado um ponto de interrogação em alguns estágios desta evolução sistemática da cadeia produtiva.

*A complexidade desta sistemática se dá devido a necessidade da organização detectar o ponto primordial a ser tratado em sua cadeia produtiva, pois este é o grande desafio encontrado. Tendo conhecimento desta grande necessidade a **OPTIMUS** decidiu disponibilizar o tempo e conhecimento de seus profissionais, adquiridos ao longo de 30 anos de atuação em empresas multinacionais de grande porte, experiência esta nas áreas de otimização, processos, treinamentos, inspeções,* manutenções, sistemática, produção, projetos, redução de custos, qualidade, segurança e meio ambiente, a fim de disponibilizar soluções industriais inteligentes aos seus clientes e parceiros.

Além de fornecer a solução para os problemas apresentados, a ***OPTIMUS*** *promove também a execução de tais atividades e a capacitação dos profissionais* envolvidos no desafio em questão.

A ***OPTIMUS*** *oferece soluções inteligentes nas seguintes áreas:*

Execução e/ou Orientação de Implantação de Sistemática de Gestão da Manutenção

Gestão do Negócio;
Gestão de Habilidades Técnicas;
Gestão de Programação;
Gestão de Controle;
Gestão de Custos;
Gestão de Materiais;
Gestão de Conteúdo Técnico;
Gestão de Integração;
Gestão de Confiabilidade;
Gestão de Excelência;
Gestão de Projeto;
Gestão de Planejamento;
Gestão de Execução;
Gestão de Análise de Falha;
Gestão de Ferramentas;
Gestão de Contratos;
Gestão de Desenvolvimento;
Gestão de Processo;
Gestão Financeira dos Ativos;

Consultoria em Manutenção e Cadeia Produtiva

Avaliação e adequação da sistemática de manutenção existente;
Revitalização da estrutura (Homem/Hora) utilizada pela corporação;
Otimização de processo, avaliando desde o planejamento de manutenção, processo logístico interno, PPCP, produção e interferências na qualidade final;
Execução e orientação de Benchmark e Brainstorm;
Aplicação da sistemática de modelos mentais para tomada de decisões;

Orientação para desenvolvimento de sistemática de gerenciamento de sistemática para Manutenção/Produção.

Treinamentos

Gerenciamento da Manutenção - PPCM Industrial - Inspetor de Manutenção Industrial - Manutenção Mecânica Básica Industrial - Lubrificação Industrial Classe Mundial - Análise de falha de Manutenção Industrial - Processos de Soldagem de Manutenção Industrial - Introdução à Inspeção de Soldagem Industrial - Alinhamento de Máquinas Rotativas Industriais - Ajustagem Industrial - Hidráulica e Pneumática Básica Industrial - Manutenção Estratégica - Metrologia Industrial Aplicada - Materiais de Construção Mecânica Industrial - Rolamentos Industriais Manutenção em Pontes Rolantes Industriais - Elementos de Máquinas Industriais. Noções de Sistemas de Transmissões Industriais - Documentação Técnica Industrial Leitura e Interpretação de Desenho tec. Industrial - Plásticos Industriais de Engenharia - Vedações Industriais - Componentes Elétricos e Eletrônicos - Manutenção Elétrica Básica Industrial – Confiabilidade - Masp - Liderança Industrial. Desafios e Motivação na Manutenção Industrial.

Estudo e desenvolvimento de técnicas e métodos para otimizações dos processos e redução de custos

Realização de estudo de tempos e métodos;
Avaliação e adequação do layout fabril;
Estudo e definição de itens e equipamentos críticos;
Estudo e adequação dos estoques de insumos e sobressalentes;
Otimização do processo;
Estudo e implementação de novas ferramentas e metodologias.
Auditorias orientativas e avaliativas na sistemática de manutenção e processo;

Execução de inspeção sensitiva e manutenção de máquinas e equipamentos industriais em geral.

Outros Projetos:

Livros Técnicos

"Manual Básico para Inspetor de Manutenção Industrial".

"Manutenção Industrial – Do Estratégico ao Operacional". "Manual Básico para Inspetor de Manutenção Industrial 2".

"Manutenção Industrial Básica para Aprendizes Volume 1".

"Os 5 Principais Elementos da Manutenção Industrial".

"Simplificando os Conceitos da Manutenção Industrial". "Descomplicando a Metrologia na Manutenção Industrial".

"A melhor ferramenta é a SOLUÇÃO.
A melhor solução é a EXPERIÊNCIA.
A melhor experiência é a EXECUÇÃO.
A melhor execução é a OPTIMUS"...

OPTIMUS Soluções Inteligentes

Rua Alcebíades Plaisant nº 1085 sala 404 Água Verde – Curitiba – PR CEP- 80620-270

www.optimuscsi.com.br
edson@optimuscsi.com.br
41-3343-0029 / 41-99667-6914

Apoio:

RPM SUL
Soluções em Manutenção Preditiva

IsolaFácil

Grupo Priner

FGM
CLÍNICA DA SAÚDE
E TRABALHO

Juntos, na proteção de seu principal ativo

"Ficar em silêncio não significa não falar...
Mas sim abrir os ouvidos para escutar tudo que está a nossa volta".

Paulo Coelho

ANOTAÇÕES

Impressão e acabamento
Gráfica da Editora Ciência Moderna Ltda.
Tel: (21) 2201-6662